衡阳市优秀社会科学著作出版基金资助项目［2019CBZ（二）01］
衡阳市人大常委会专项资金资助项目
湖南工学院“工业遗产文化丛书”第一辑成果

寻访水口山工业文化遗产

胡 穗　段 锐　肖中云　等 编著

湖南师范大学出版社
·长沙·

序 言

“文物承载灿烂文明，传承历史文化，维系民族精神”[1]，是一个国家宝贵的文化遗产，代表着这个国家悠久历史文化的“根”与“魂”，也是文化软实力的重要载体。习近平总书记高度重视文化遗产的保护和传承工作，强调“保护和传承文化遗产是每个人的事”[2]，“要让文物说话，让历史说话，让文化说话”[3]，向世界讲述好中国故事。“工业文化遗产”作为中华文化遗产的重要组成部分，见证了我国工业文明和工业发展的历史，其内涵丰富，既包括工厂、车间、作坊等不可移动文物，又包括机器设备、工具、档案等可移动文物，还包括工艺流程和工艺技能，具有多重价值以及不同于其他遗产类型的特殊性价值。随着我国城市化进程不断加快，大批工业文化遗产面临着被损毁的境地，探索走出一条符合国情的保护与利用之路显得极其重要且紧迫。正是在此背景下，湖南工学院工业文化遗产保护、开发与利用“双一流”科技创新团队应运而生。

在调研全省工业文化遗产布局过程中，紧邻学校的水口山引起了团队的兴趣。水口山位于湖南省常宁市，它因矿而生，因矿而蜚声海内外，被誉为“中国铅锌工业的摇篮”“世界铅都”。千百年来，水口山围绕有色金属冶炼逐渐形成了内涵深刻的工业文化。与此同时，也遗留下了一笔珍贵的工业文化遗产。

---

[1] 中共中央文献研究室编:《习近平关于社会主义文化建设论述摘编》，中央文献出版社 2017 年版，第 190 页。

[2] 习近平:《干在实处 走在前列：推进浙江新发展的思考与实践》，中共中央党校出版社 2006 年版，第 271 页。

[3] 中共中央文献研究室编:《习近平关于社会主义文化建设论述摘编》，中央文献出版社 2017 年版，第 193 页。

基于此，湖南工学院工业文化遗产保护、开发与利用“双一流”科技创新团队通过实地调研、走访老工人、与常宁市相关部门和水口山有色金属集团深入交流等举措，用脚步丈量遗址的宽度，用执着专注的科研精神拓展遗址的深度，充分挖掘遗产背后的故事，力图真实还原其在各个时期的样貌。另外，工业文化遗产能反映地方历史的发展情况，是很好的爱国主义教育和社会主义核心价值观教育素材。因此，我们想充分挖掘水口山工业文化遗产的“育人功能”，围绕其打造出一门具有思想性、理论性、针对性、接地气的思政课程，帮助新时代大学生增进对历史文化、工业文化和红色文化的理解，增强荣誉感和自豪感，全身心投入到制造强国建设之中。

路漫漫其修远兮。湖南工学院工业文化遗产保护、开发与利用“双一流”科技创新团队已迈出了坚实的一步，历经两度寒暑交替，《寻访水口山工业文化遗产》付梓面世。本书梳理了水口山工业遗址遗存，并分类剥离出遗址遗存上所承载的历史记忆，充分展示出作为国家首批工业遗产保护名录的宝贵价值，同时也在一定程度上反映了遗址遗存保护利用过程中的疏漏，并提出了合理保护与利用的策略。第一章简要地回顾了水口山矿冶史。第二章是全书的核心章节，梳理了水口山现存的工业遗址遗存，主要是从 1896 年以来水口山铅锌矿所遗存的矿井、矿场、工厂、办公地、工人生活休闲娱乐场所等方面进行整合归纳；余下各章均是在此章基础上对遗址所承载的历史记忆进行分类研究。第三章介绍了水口山的先进技术工艺和历史上的多个“第一”。第四章回顾了曾在水口山遗址遗存上进行革命活动的英烈先贤，以及他们的英勇足迹。第五章介绍水口山涌现出的劳动工匠、技术专家，挖掘他们身上所共有的“工匠精神”。第六章是针对当前水口山工业文化保护缺失而提出的保护策略。

未来，我们将继续深挖水口山工业文化遗产的保护、开发与利用的方式途径，争取形成可媲美北京 798 艺术区、黄石国家矿山公园、德国弗尔克林根钢铁厂等工业遗产的再生典型，进而对衡阳市、湖南省乃至全国的工业遗产进行保护研究开发提供“湖工智慧”。

湖南工学院工业文化遗产保护、开发与利用“双一流”科技创新团队迈着坚定铿锵的步伐走在工业文化遗产的保护与开发道路上，前景光明，但也需要时常回顾来时走的路，期望各位有识之士批评指正，让我们行之愈远、所获愈丰。

2020 年 5 月

目 录

导言

工业文化遗产是工业文化的重要载体，记录了我国工业化进程不同阶段的重要信息，承载了行业和城市的历史记忆和文化积淀，标志着我国工业化和现代化进程中一系列重要历史节点，具有文化与智慧的传承功能、史记功能、爱国主义教育功能等。党的十八大以来，以习近平同志为核心的党中央高度重视文化遗产工作："要保护好前人留下的文化遗产，包括文物古迹，历史文化名城、名镇、名村，历史街区、历史建筑、工业遗产，以及非物质文化遗产，不能搞'拆真古迹、建假古董'那样的蠢事。"[1] 因此，保护好、传承好、利用好工业文化遗产对于培育巩固发展文化自信、建设中国特色社会主义文化、满足人民日益增长的美好生活需要、推动经济社会又好又快发展、支撑文化强国战略建设均具有重大意义。

[1] 中共中央党史和文献研究院编:《十八大以来重要文献选编(下)》,中央文献出版社 2018 年版,第 88 页。

一、工业文化遗产的定义

工业文化遗产产生的因素多种多样。不同地区由于各自不同的情况产生了各具特点的工业。“随着时间的推移，由于资源的枯竭、交通运输条件的改变、机械设备的老化淘汰、生产技术的更新、产业结构的调整、基金转型等原因，这些工业均面临着不同程度的衰落，其中一些有重大历史、技术、社会、建筑或科学价值的工业文化遗迹将会转化为只得保留、改造或再利用的工业遗产。”[1]

2003年7月，国际工业遗产保护联合会在俄罗斯的下塔吉尔召开，会议通过了《关于工业遗产的下塔吉尔宪章》(以下简称《下塔吉尔宪章》)。其对工业文化遗产有明确的定义:“是指工业文明的遗存，它们具有历史的、科技的、社会的、建筑的或科学的价值。这些遗存包括建筑、机械、车间、工厂、选矿和冶炼的矿场和矿区、货栈仓库，能源生产、输送和利用的场所,运输及基础设施,及与工业相关社会活动场所,如住宅等。”[2]

2006年4月18日，由中国古迹遗址保护协会、江苏省文物局和无锡市文化局联合举办的“中国工业遗产保护论坛”在无锡召开，会上通过了《无锡建议——注重经济高速发展时期的工业遗产保护》，指出工业文化遗产包括物质和非物质遗产。同年6月，该建议由国家文物局正式发布，成为中国工业文化遗产保护、研究的纲领性文件，由此标志着“工业文化遗产”概念进入中国视野，并以更加独立的姿态广受关注和认可。

《下塔吉尔宪章》将工业文化遗产划分为建筑、机器、车间、工厂、作坊、矿区以及加工提炼等遗址，用于能源生产、转换和利用的仓库、商店、运输工具和基础设施以及场所，还包括用于住房供给、宗教崇拜和教育等与工业相关的社会活动场所。《无锡建议》将工业文化遗产划分

[1] 哈静、徐浩铭:《鞍山工业遗产保护与再利用》，华南理工大学出版社2017年版，第14页。
[2] 国际工业遗产保护联合会:《关于工业遗产的下塔吉尔宪章》，2003年。

为以下几类：工厂、车间、磨房、仓库、店铺等工业建筑物，矿山、相关加工冶炼场地，能源生产和传输及使用场所、交通设施、工业生产相关的社会活动场所，相关工业设备，以及工艺流程、数据记录、企业档案等物质和非物质文化遗产。值得注意的是，与《下塔吉尔宪章》相比，《无锡建议》将“工艺流程、数据记录、企业档案”等非物质文化遗产也视为工业文化遗产，反映出我国对其认识和实践的特色。

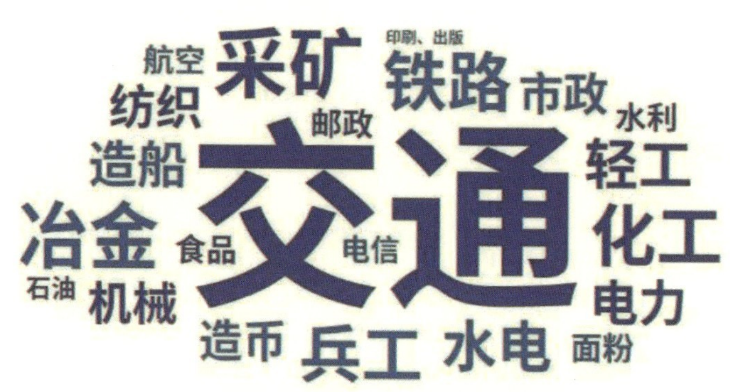

▲第二批工业遗产名录中涵盖的行业词云图

作为文化遗产的一种特殊类型，工业文化遗产应该有物质和非物质之分。物质性文化遗产是由工业遗留物组成，包括建筑物，机器设备，车间制造厂和工厂，矿山和处理精炼遗址，仓库和储藏室，能源生产、传送、使用运输以及所有与工业相联系的社会活动场所。这些遗留物拥有历史、技术、社会、建筑、审美或科学上的价值。非物质文化遗产包括生产工艺、流程、手工技能、企业精神、企业文化等。

二、工业文化遗产的价值

历史价值：工业文化遗产具有重要的历史价值。它们见证了工业社会生产方式和生产关系的发展与变化，“可以从设备工艺中了解当时的生产状态，从厂房车间的结构中了解工人与企业主的关系，从工业产品中了解当时社会的生产能力和消费水平”[1]。所以，工业文化遗产既是工业文明的见证，也是“全球化背景下的维系空间历史感的一种力量”[2]。

经济价值：工业文化遗产的经济价值在于它们见证了工业发展对经济社会的促进作用。工业在发展中投入了大量的人力、物力和财力，而对工业文化遗产的保护实际上是在更加有效地利用资源。同时，也能够在城市衰退地区的经济振兴中发挥重要作用，保持地区活力的延续性，给所在地居民提供长期稳定的就业机会。通过对城市中的工业文化遗产重新进行梳理、归类，在合理利用中为城市积淀丰富的历史底蕴，注入新的活力和动力。

社会价值：社会价值是文化遗产的固有价值。工业文化遗产记录工业的主体——普通工人的历史人生，见证了他们的社会日常生活“已逐渐演化为某种价值观，成为社会认同感和归属感的基础，进而对社会形态、社会价值产生了影响。保护这些反映时代特征、社会价值观的工业遗产，不仅能振奋民族精神，传承产业工人的优秀品德”。[3] 在新时代，工业文化遗产的社会价值体现出一种积极进取、精益求精的工业精神，可以继续为社会做出贡献。

科技价值：工业文明的发展是科技不断创新的过程。工业文化遗产在生产基地的选址规划、建筑物和构造物的施工建设、机械设备的调试

[1] 寇怀云、章思初：《工业遗产的核心价值及其保护思路研究》，《东南文化》2010 年第 5 期。

[2] 夏铸九：《对台湾当前工业遗产保存的初期观察：一点批判性反思》，《台湾大学建筑与城乡研究学报》2005 年第 13 期。

[3] 韩强：《基于概念解析的我国工业遗产价值分析》，《产业与科技论坛》2015 年第 19 期。

▲德国鲁尔工业遗产区

▲改造后的德国鲁尔工业遗产区

安装、生产工具的改进、工艺流程的设计和产品制造的更新等方面具有科技价值。保护好不同发展阶段具有突出价值的工业文化遗产，才能给后人留下相对完整的工业领域科学技术发展的轨迹，提高科技发展史领域的研究水平。

艺术价值：工业文化遗产的艺术价值体现了“场地中的建筑物、构筑物、机械设备和室内装饰等一切遗留下来的存在物从被创造生产到使用过程中，某一历史时期人们的审美情趣、艺术观念和时代精神特质”[1]。工业文化遗产的艺术价值对于提升城市文化品位，维护城市历史风貌，改变“千城一面”的城市面孔，保持生机勃勃的地方特色，均具有特殊意义。城市差别性的关键在于文化的差别性，工业文化遗产的特殊形象可以成为识别城市的鲜明标志，而作为城市文化的一部分，无时不在提醒人们城市曾经的辉煌。

文化价值：工业文化遗产既是工业文明的载体，也是人类文化的重要组成部分。因此，“那些典型的、稀缺的工业建筑，精巧设计的工业仪器，都是建筑美学、机器美学的现代主义表现，有突出的工业美学价值。企业的文化、传统理念、组织精神无不显示着地域、民族的认同感和产业文化的代表形式，在人类工业历史上的进步作用构成了工业遗产的文化内涵，因此这些工业遗产所表现出来的稀缺文化内涵是最有价值、最值得人们珍视和保存的”。[2]

[1] 于淼、王浩:《工业遗产的价值构成研究》,《财经问题研究》2016 年第 11 期。
[2] 宋鑫、崔卫华:《辽宁工业遗产价值解析及其原真性保护研究》,《城市》2016 年第 9 期。

三、我国工业文化遗产的现状

▲公元 25 年醴陵陶瓷组雕

▲晚清江南机器制造总局的厂房

▲20 世纪 60 年代国营 798 厂

2018 年，工业和信息化部组织对全国工业文化遗产开展了摸底调查，对改革开放以前建成的、具有较高价值的遗产项目进行了梳理。据不完全统计，全国尚存工业文化遗产近千处，主要形成于几个重要阶段：一是古代手工业时期；二是清末洋务运动和民国民族工业时期；三是中华人民共和国成立后至 20 世纪 60 年代，以 156 项重点工程项目为代表，主要分布在东北、西北和华北地区，行业覆盖煤炭、冶金、机械等国民经济基础行业和国防军工领域；四是从 20 世纪 60 年代中期到 80 年代初期，在中西部地区进行的以国防科技工业为主的三线建设留存下来的工业遗产。从形成时期看，中华人民共和国成立后至改革开放前的工业文化遗产占比约 2/3；从行业领域看，原材料领域遗产占比超过 1/3，装备制造、消费品领域遗产占比均超过 1/5。总体上看，我国具有较丰富的工业文化遗产资源。

目前，国内对工业文化遗产开发、利用与保护具有代表性的案例是北京 798 艺术区。该艺术区为原国营 798 厂等电子工业的老厂区所在地，20 世纪 50 年代初由苏联援建、东德负责设计建造。随着北京城市化进程加快，工业转型升级，原有工业外迁，大批厂房闲置下来，但并未被拆除，而是吸引大批艺术家文化人的入驻开展文化创意，逐渐打造成为一个将政治、经济、文化、艺术等集于一身的文化

▲北京 798 艺术区

创意产业园区，成为工业文化遗产保护的优秀范例。

然而，随着我国社会经济发展，越来越多的城市将开始面临“后工业时代”工业文化遗产保护问题，例如：“部分地区重视不够，列入各级文物保护单位的比例较低；家底不清，对工业遗产的数量、分布和保存状况心中无数、界定不明，对工业遗产缺乏深入系统的研究，保护理念和经验严重匮乏；认识不足，认为近代工业污染严重、技术落后，应退出历史舞台；措施不力，‘详远而略近’的观念使不少工业遗产首当其冲成为城市建设的‘牺牲品’”。[1] 大量工业文化遗产面临改建或者拆除的命运，对其保护利用显得尤为紧迫。

▲老建筑拆除

[1]《记录中国工业文明的遗址逐渐消失，专家呼吁留住工业遗产的足迹》，《人民日报》2006 年 7 月 12 日，第 6 版。

第一章　水口山矿冶发展回眸

北魏地理学家郦道元在《水经·湘水注》记载:“湘水又西北，得春水口，水上承营阳春陵县西北潭山，又北径新宁县东，又西北流注于湘水也。”[1] 所谓“春水口”，指湘江流入衡阳后有“春水”注入，江水合抱的群山之中便是水口山。[2] 水口山是世界著名的“铅都”“有色金属之乡”，也是我国重要的铅、锌生产基地，其铅锌产量占世界总产量的三分之一，矿冶历史悠久，文化深厚，承载了我国有色金属冶炼从古代到近代，从土法到西法的漫长演进过程。水口山有着独特的工业发展历程，大致分为古代采矿业的发端(商周时期至 1896 年)、近代矿冶体系的建立 (1896—1949)、现代矿业的调整与跨越（1949—2001）、新时代水口山矿业的战略发展与转型（2001 年至今）四个阶段。可以说，一部水口山的矿冶史，实际上就是一部中国矿冶文化变迁史，它记载着中华社会发展的每一个重要阶段，见证了中国有色金属采矿从无到有、从小到大、从粗犷到精细、从被动到主动、从单向道到多向道、从“技术移植”到“独立创设”的曲折发展之路。

[1] 郦道元:《水经注》(上)，华夏出版社 2006 年版，第 712 页。

[2] 春水又名春陵水、春陵河、蓉源河，全长 302 公里，流经新田、桂阳、耒阳、常宁、衡南等县市，于衡阳常宁和衡南茭河口注入湘江。

一、古代采矿业的发端（商周时期至 1896 年）

常宁地处湖南省南部，属衡阳市管辖的县级市，是我国著名的“有色金属乡”，有“八宝之地”之称，现已探明的矿种达 96 种，有金、银、铜、锡、铅等，铅储量居全球之首，钨、铋储量居全国第一，锡砂储量居全国第二，黄金储量居全国第三，锌储量居湖南省第二。

水口山位于常宁东北部，北依湘江，距常宁市 45 公里，距衡阳市 30 余公里。水口山矿产资源丰富，矿田位于华南褶皱系赣—湘—桂—粤褶皱带中段、耒阳—临武南北向褶断带北缘、新华夏系第二沉降带衡阳盆地南缘，是一个大型多金属矿田。老鸦巢、鸭公塘、百步磴、龙王山等地段的铅、锌、磺铁矿体，均产于火成岩与二叠系下统栖霞组灰岩和当冲组下段泥灰岩的接触破碎带中；康家湾的铅锌磺铁矿体则产于侏罗系与下伏石炭系至二叠系的硅化破碎带中。矿藏属中温热液交代型，成

▲矿工劳作雕塑

▲水口山所产铅锌矿矿石

矿于燕山运动期间，矿物以硫化物为主，矿种有铅、锌、金、铜、磺铁矿和铀。已累计探明储量：铅 87.46 万吨、锌 111.08 万吨、铜 30 万吨、银 2000 吨、金近 100 吨，铅锌矿储量居全国首位。铅锌是我国重要的战略性矿产资源，用途广泛，主要用于电气工业、机械工业、军事工业、冶金工业、化学工业、轻工业和医药业等领域。

在常宁水口山小洲村“江洲遗址”（犁头嘴）东北部，考古学家发现了西周时期前后特殊建筑遗址以及所包含的单一或复合型冶铸遗址，挖掘出土了坩埚、提纯铜块、青铜熔件、青铜残块、同期柱洞建筑遗存。据此推算，水口山的采矿冶铸的历史可上溯至三千年前的商周时期。

自汉代开始，境内的居民已经掌握简单的采矿和提炼技术，相传有人已经在此开采银矿。《同治·常宁县志》记载：“始采于汉，时为无序开采硫磺矿、银矿。”唐朝时期，水口山的采矿已形成一定的规模，并设立了茭源银场。唐肃宗统治时期（756—762），茭源银场“增

▲水口山小洲村江洲遗址（犁头嘴）

坑冶10余所，其利甚盛”，闻名全国。北宋熙宁年间，“乡人见矿中含有银质，以为是银矿，于是竞相集资开采”，“十里即银场”，实际上开采的是龙王山一带的褐铁矿（铅锌矿地表的铁帽）。宋真宗天禧年间（1007—1021），朝廷委派场监管理荾源银场，成为我国最早的官办矿之一。到明朝万历年间，水口山淘矿者络绎不绝，一时间“矿户繁立、草棚栉比，采掘工人多达数千人”，但开采的目的仍以提银为主，其次是提炼硫磺。明末农民军起义，战事频发，影响了矿业的发展，矿户颇多歇业。[1]

清代以后，水口山丰富的矿产资源开始被世人所重视。常宁商办铅矿业渐增，水口山、龙王山一时间矿采林立，草棚毗连，工人过万。清乾隆年间湖广总督孙家淦向朝廷奏称：“臣闻楚南、衡州府属常宁县之龙旺山地方，有土商邓益茂聚集二万余人，开峒八百余口，设炉一百余座，现采铜、铅等砂一百六七十万斤……”[2] 虽然采矿规模不断扩大，但商民“既乏学识，复少经验，且资力棉薄，不能深入，中途亏损因而停办者颇不乏人”,“互争权利,诉讼连年,所得不偿所失”[3]。对于开采出来的矿砂，用土法从中提炼银子和硫磺以后，铅锌则弃之不取，结果造成山体千疮百孔，废窿交错，宝贵的铅锌矿体仍蕴藏于地表之下。

▲西周矿冶遗址

[1]《水口山铅锌志》编撰委员会:《水口山铅锌志》(内部资料),水口山矿务局二印刷厂1986年印,第66页。
[2] 韦庆远、鲁素等编:《清代的矿业》，中华书局1983年版，第230页。
[3] 欧阳超远、刘季辰、田奇镌:《湖南水口山铅锌矿报告》，湖南地质调查所1927年印，第1页。

二、近代矿冶体系的建立（1896—1949）

▲陈宝箴

1895 年甲午之殇使中国彻底陷入了生存危机之中。一部分忧患民族命运的官僚和知识分子提出“洋务维新、实业救国”，要求政府从政治体制、工业技术、军事武器等方面进行改革。这一时期，维新派代表人物陈宝箴对水口山的发展起到了关键作用。

陈宝箴（1831—1900），字相真，江西义宁人，早年以文才韬略和办事能力深受曾国藩赏识。1895 年，陈宝箴在湖南巡抚任内与按察使黄遵宪、学政江标等办新政，开办时务学堂，设矿务、轮船、电报及制造公司，刊《湘学报》，被光绪帝称赞为“新政重臣”，系著名维新派骨干。

湖南金属矿产资源丰富，开采起源甚早，但发展缓慢，至陈宝箴抚湘前较少有计划、有规模地开采。陈宝箴到任不久，就三湘富强问计熟悉地质地理的邹代钧，邹代钧认为湖南矿藏量丰富，可以“开矿求富”。为缓解财政拮据的状况，陈宝箴提出“五金矿产”不可废置，奏请清廷拟办湘省矿务，按照“官办”或者“官督商办”的经营方式先行选择煤、五金等矿设局试行开采。1895 年 4 月 24 日，清政府批准陈宝箴设立湖南矿务总局的奏请：“该抚其悉心妥办，以观厥成。”在他的经营下，两年之内先后建起了常宁水口山铅锌矿、新华锡矿山锑矿、益阳板溪锑矿、平江黄金洞金矿等大型官办企业，其中又以水口山为规模第一。

1896 年，水口山矿务局正式成立，成为中国较早的“官办”企业。陈宝箴委任喻光容开办龙王山（因产铅而著称），委任廖树蘅开办水口山。在赵尔巽抚湘时期，水口山与龙王山各设办事分局，两局设总办各一人。后来龙王山矿局总办李士荃调任平江矿局，龙王山并入水口山矿局监管，不久因生产不旺而停办，合二为一的矿局由廖树蘅之子廖基植任总办。廖树蘅父子是近代湖南经济界、矿产界的先驱者，同时也是水口山矿发展初期不可忽视的关键人物。

廖树蘅（1839—1923），字荪畡，湖南宁乡人，近代著名实业家，湖南矿业开拓者与奠基人，著有《珠泉草庐文集》《茭源银场录》。早年在岳麓书院和城南书院求学、讲学，后入湘军提督周达武幕。1896年湖南巡抚陈宝箴任命其主持水口山矿，担任水口山矿务总办、湖南矿务总局提调，辛亥革命以后归家，不问世事。他对水口山矿业发展的最大贡献是：创明窿法采矿，改进开采方法，改进炼矿技术；在汉口设立驻鄂湘矿转运局，反对出卖湖南矿权矿利；将水口山建设成全国最大的有色金属矿区，并成为湖南财政的最大来源地。虽然廖树蘅是“文学之士”，并无丰富的矿业知识，但其思想开明，“集其乡人之有经验者为之”，达到“古今中外所无”之效。[1] 可以说，正是因为廖树蘅的悉心经营，水口山矿才得以在近代中国矿业史上占据着重要位置。

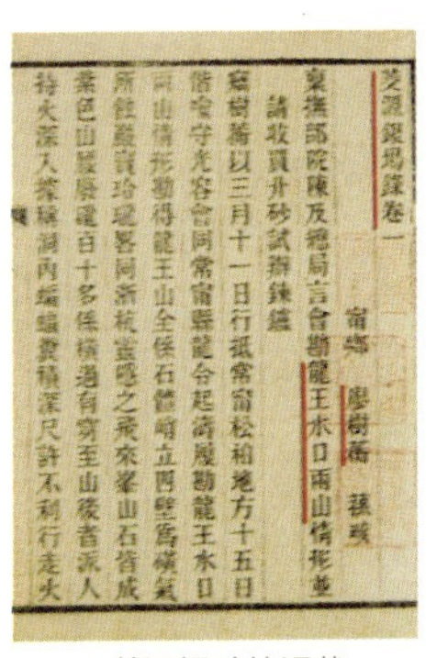
茭源銀場錄卷一
寧鄉 廖樹蘅 蓀畡
稟撫部院陳及總局言會勘龍王水口兩山情形並

▲茭源银矿的记载

▲陈宝箴派廖树蘅开办水口山

[1]《凌霄一士随笔：廖树蘅办水口山矿》，《国闻周报》1937年第14卷第27期。

长期以来，水口山矿区开发由于缺乏组织，技术原始，导致山体破坏严重，给大规模开采造成了极大困难。矿石发掘一直采用“暗窿”土法开采方式，通过挖掘隧道进入矿藏，开采越深，矿砂的取得与运输、地下水的排出就越耗费财力。特别是春夏两季，地表水和地下水在隧道内造成严重积水，阻碍正常开采。如当时在一名为“锡寿场”之地用土法开采，未开采多久便导致矿坑崩塌。

廖树蘅抵水口山后即着手勘察、筹备开办事宜，通过详细调查，发现原来所谓的“银矿”乃是“黑白铅矿”，在深入了解的基础上，大胆创新，改进开采方法和改变冶炼方法。廖树蘅命人用土法开采“明窿”，所谓明窿，就是露天采矿，在平地上开一个口子，宽深数十丈不等，四周凿成斜坡，以便人员上下。明窿的外延修筑泄水沟道，以防山水流入。明窿采矿时，“矿局仿效兵法部署，击鼓鸣锣，以统一作息；按左右上下，以分其出入，工序井然不乱，每日产出矿砂颇丰，数量达到三四百担”[1]。这种采矿方式主要解决了地下矿井容易积水的问题，特别是春夏时分，因矿井中常常积水，根本无法采矿。通过开凿明窿，把水聚到窿下，然后用农民的龙骨水车排水，这样能很快把矿窿里的水抽干。这个简单的创新加快了采矿速度，从而创造了水口山开矿的新时代。为解决矿砂销路问题，廖树蘅在距松柏四里的湘江东岸，创设土法炼锌厂，初设炼炉 24 座，后逐渐增至 80 余座。1903 年，廖树蘅要求湖南矿务局在临近水口山的衡阳苏州湾设立第一家冶炼厂，采用土法专炼水口山所产的黑白铅砂。

廖基植（1859—1914），字璧耘，我国有色金属行业采用西法采矿（即以蒸汽机、机械动力开采）第一人。1895 年随父亲廖树蘅到水口山协理矿务，父调省局任职后，他接办水口山矿，前后长达 16 年，费银 119 万两，获利在 600 万两以上。1905 年，水口山铅锌矿开始采用机器排水；1906 年在明窿法的基础上，开掘第一坑斜井，并装设锅炉、抽水机、吊车、铁轨等；至 1909 年，又设洗砂机厂，使采选法得到改进；1912 年，修筑有水口至松柏轻便铁路。廖基植办矿实效，有功实业，被清政府奖四等商勋，加五品衔。

在廖基植主持下，水口山矿务局于 1905 年改用西法开采，由设计师夏估卿自行设计施工开拓老鸦巢一坑斜井。井筒内装设有锅炉、抽水机、吊车、铁轨，启用机械排水和运输矿石，建成机械重力选矿厂（俗称洗砂台），这是中国第一个自己设计、自己建设的有色金属矿井。同年，在松柏北面约二公里的地方开办土法炼锌厂，“初办时建筑炼炉二十四座，嗣后逐渐增至八十座，专炼整块锌

[1]《水口山铅锌志》编撰委员会：《水口山铅锌志》（内部资料），水口山矿务局二印刷厂 1986 年印，第 67 页。

▲20 世纪初的水口山铅锌矿全貌

砂。为了处理采矿附产的磺砂，又在本矿约一公里的黄土岭，建厂提炼硫磺"[1]。与此同时，在长沙三叉矶设立炼锌厂，设土炉 20 余座。其后又在长沙六铺街设立黑铅炼厂，该厂此后发展至 1000 多名员工，是当时全国唯一采用西法的炼铅厂。外部的运输条件也得到逐步改善，铺设了水口山至湘水南岸之间的水松窄轨轻便铁路。

水口山在晚清官矿体系中的地位重要，是当时湖南唯一赢利的矿山。1908 年，时任湖南矿政调查局总理蒋德钧呈文农工部称当时全国开采五金、煤炭各矿唯有常宁水口山铅矿，新化锡矿山锑矿，平江黄金洞金矿三处卓有成效，而三处之中又以常宁铅矿为第一。水口山所产的矿砂绝大部分经湘江水运至长沙，交湖南矿务总局，再运往汉口"驻鄂湘矿转运局"出售，每批矿砂签约成交后，洋商预付货款的 50%，其余货到后付清，盈利颇丰。据统计，清政府从水口山共计开采出铅精矿有 21 万吨，锌精矿 52 万吨，位居全国各类矿的首位。除此之外，清政府认为其又是"辅库藏之所不逮"，可供"练兵制械之资"和"少佐账需"，千方百计利用"矿区税""矿产税""出口关税""二五附税""堤土捐""码头捐"等名目繁多的税捐向矿区征税，搜刮利润。

[1]《水口山铅锌志》编撰委员会:《水口山铅锌志》(内部资料)，水口山矿务局二印刷厂 1986 年印，第 67 页。

表 1-1 民国时期产品销路及售价一览表

产品类别	标准成分	每吨标准价	成分增减率	产品销路
黑铅砂	铅 60% 银 25 盎司	70	铅每增减一分，增减洋 2 元； 银每增减一盎司，增减洋 1 元	售与各洋商及湖南炼铅厂
白整砂	锌 40%	18	每增减一分，增减洋 1.3 元	售与各洋商，并留一部分自炼
白碎砂	锌 33%	8	每增减一分，增减洋 0.5 元	售与各洋商，1932 年后售一部分给湖南炼锌厂
磺砂	——	5	——	售与本地各炼户并留一部分自炼
硫磺	——	9	——	售与国内各兵工厂及磺商硝药商
白铅块	——	22	——	售与国内各兵工厂及五金商

日人又派來密探
水口山礦聞三井洋行前曾派人密勘一次嗣因考察不確屢欲再往調查茲以拋砂關係要求派人勘礦足見日人謀奪湘礦之心無時或釋此次見湘人反對甚力又派技師多人秘密調查大有不達目的不止之勢有保護礦山之責者倘其慎諸

▲日本三井洋行派人秘密来水口山勘探矿源

水口山丰富的矿藏也成为各帝国主义国家垂涎和掠夺的对象。建矿初期，所产铅锌除极少部分供省内冶炼以外，绝大部分外销，价格完全受外商操纵。从 1897 年起，法、英、德、美、比、日等国先后渗入。如法商华利公司的代表戴玛德勾结地方官僚订立合同，要求将铅砂售与该公司，因爱国绅民强烈反对而作废。英商亨达利洋行与湖南矿务局订立了购销铅砂的合同，采用“抛潮压磅”“故意留难”“任意挑剔”等手段巧取豪夺了大量矿产资源。后来陆续有德国礼和洋行、美国慎昌洋行和太平洋实业公司、比利时湘江和湘利公司等与中国军政当局签订不平等专买合同。日本人更是觊觎水口山资源已久，借与袁世凯签订“二十一条”之机，提出长期租采矿山之议，并秘密派出三井洋行技术人员探察矿情，因当时北洋政府不允其下窿参观，未能实现其阴谋。在内外双重盘剥之下，水口山矿务局仅能艰难维持生存。

从晚清到民国，水口山矿务局的体制和组织机构屡经变更。办局之初隶属于湖南省矿务总局，局内无完善的管理体制，采用简单生产操作规程和封建式管理办法。如矿政大权由主持矿务的总办统揽，下设若干办事机构分事，办事人员视事务的繁简而增减。民国初年，余怀清任局会办以后，开始按现代管理体制分科办事，设采矿、选矿、运输、机械、会计、庶务等科长主任职位。1917 年，时任北洋政府中央农商总长的谷钟秀意图把水口山矿收归国有，经湘人力争，拟议终被撤销。1926 年，湖南矿务总局并入湖南建设厅，水口山矿务局改由厅直接领导，各科室所按照事务的繁简分科办事。此后，组织名目虽时有更变，设置则颇为完备。到全面抗战爆发前，全局已初具规模，“有职员 54 人，工人约 2400 人，队兵约 60 人”[1]。

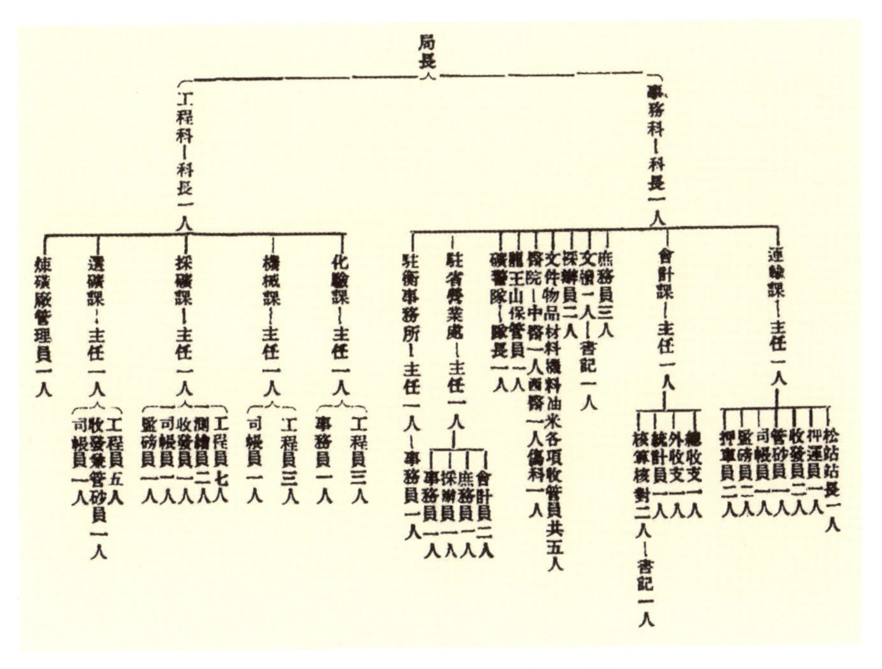

▲民国时期水口山铅锌矿局机构设置表[2]

据档案资料显示，到 20 世纪 20 年代末，水口山矿务局各厂的设备实现了较高的机械化程度，从数量和质量上都达到了当时国际先进水平。

例如：机械厂设有机床 8 部、牛头刨床 2 部、直刨 1 部、钻床 3 部、绞螺丝车床 1 部、虎钳 6 把、15 马力立式蒸汽机；锻工厂置有剪机 1 部、

[1] 唐兵:《最近水口山铅锌矿之概况》,《民鸣》1935 年第 2 卷第 25 期。

[2] 本图片来源于“大成老旧刊数据库”。

铳眼机 2 部、钻机 3 部、起重机 1 部、手摇铳眼机 2 部、压风机 1 部、打铁炉 13 座，由压风机供给，原动力为 15 马力立式蒸汽机；翻砂厂有化铁炉 2 座、熔铜炉 2 座、烘磨炉 1 座、起重机 1 部、压风机 2 部、15 马力蒸汽机 1 部，化铁时即用该机带动大压风机，熔铜时则由其发动主轴带动小压风机以供给动力；木模厂内有木车床及锯木机各 1 部，原动力则由机械厂发动主轴传来，厂内有 30 马力机关车 2 辆、40 马力机关车 1 辆；磨砂厂的钢圈为锰钢或铬钢，均在西方国家或者日本钢厂订制；电机厂内安置直流电机 2 部，一部为电力 32 千瓦电机（由 50 马力立式蒸汽机带动），一部为 12 千瓦卧式蒸汽机（由 20 马力煤气机带动）。

矿务局的动力设备来源于英国制造的 100 万马力机 1 部，柏可克水管锅炉 4 座，法国制 60 马力卧式火管锅炉 2 座，30 马力立式火管锅炉 3 座，英国制 70 马力开复式锅炉 3 座，法国制 140 马力蒸汽机 1 部，美国制 40 马力卧式蒸汽机 1 部，法国制 50 马力立式蒸汽机 1 部，25 马力卧式蒸汽机 1 部，50 马力扬机 1 部，30 马力火车头 2 部，50 马力者 1 部。[1]

管理水平提高和开采机械化使水口山的采矿规模不断扩大，产量逐年增加。第一次世界大战期间，作为军事战略物资的铅锌价格飞涨，水口山发展迎来了“黄金时代”，被评为“现办各矿，首推常宁水口山”“省矿霸王”“最有利之矿场”。当时，职工人数常有 2000 多人，多时达到 5000 余人。据统计，水口山铅砂平均年产 6 千吨，锌砂 15000 吨。1916 年毛纱产量为 70846 吨，铅砂 9684 吨，锌砂 28104 吨，比 1897 年增加 21.7 倍，年收入达 600 余万两纹银；1917 年产铅矿 112863 吨，锌矿 310290 吨，年收入达 1000 余万元国币；特别是 1921 年，铅砂产量创历史新高，达到 10000 余吨，位居全球首位。铅砂行销多国，水口山由此有了“世界铅都”的美誉。

随着欧战结束，矿砂缺乏销路，兼受省内军事影响，生产常常处停顿状态。乘水口山矿冶萧条之危，英、美、德、日等国外商再度蜂拥而至，用不法手段要挟湖南矿务总局贱价抛砂，签订矿砂预售合同，预付 50% 的定金，其预售数目之大，要等开采 10 年或 15 年以后才能交货偿还。据《矿业杂志》第一期披露，售与德商礼和洋行的矿砂 10 万吨，合同上写明“交砂不定期，以交足为止”。该杂志第二期记载，抛售与日本三井洋行的矿砂 20 万吨，合同有效期写明为“本合同签订之日起，十年为度”。这种

[1] 湖南省档案馆藏：《湖南水口山铅锌矿专刊》，全宗号 106，目录号 1，卷号 50，第 19-20 页。

受人牵制、饮鸩止渴的办法严重摧毁了本国铅锌冶炼工业的发展，1922 年英商安利英洋行将存砂抢购一空，致使湖南炼铅厂因缺乏原料而陷入困境，产量锐减，最后被迫停产歇业。

积贫积弱、兵荒马乱的旧中国，并不能给水口山带来真正的辉煌。一方面受到帝国主义无情的压榨和盘剥；另一方面腐败的政府为了攫取巨额利润，对水口山实行掠夺性开采，对广大矿工实行“把头制”和“监工制”的封建反动统治。“湖南财政，水口山居其半”的盛况和“矿窿是座活地狱，白骨成堆血满巷”的惨状并存。在中国共产党的领导下，饱受欺凌的水口山矿工于 1922 年举行了震惊中外的大罢工并取得了胜利。1927 年，800 名水口山矿工参加了湘南暴动，跟随朱德上井冈山，成为红军初创时期的主力部队之一，为中国新民主主义革命作出了不可磨灭的贡献。[1] 无产阶级革命家、全国人大常委会原副委员长耿飚，其时 13 岁。他 7 岁时与父母逃荒到舅舅宋乔生家，经介绍到水口山做童工。大罢工后他直奔井冈山，毅然走上了革命道路。

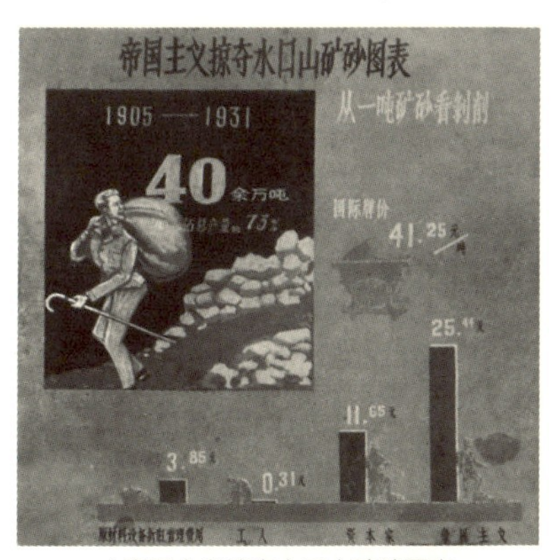

▲帝国主义掠夺水口山矿砂图表

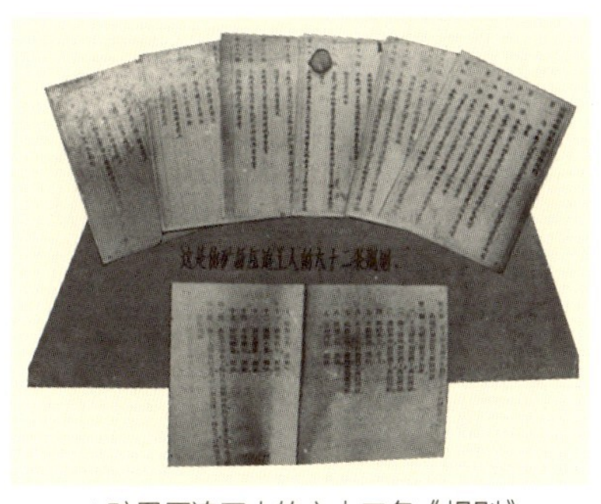
▲矿局压迫工人的六十二条《规则》

1938 年，因为日寇进犯，国民党政府采用了毁灭长沙的焦土政策，一场“文夕大火”使湖南炼铅厂与炼锌厂遭到毁灭性破坏，两厂被迫相继迁往常宁松柏。时任湖南省政府主席薛岳与厂长余剑秋认为铅锌矿产品系军工原料，不可辍停，用铅锌存砂向银行抵押借贷了 45 万元，分与矿局与铅锌各厂继续生产。随着日本侵略者进逼衡阳，水口山矿区多次遭到日寇飞机轰炸，地面房屋、机械设备和器材等大部分被毁坏。此后日寇大举进犯，其更是陷入濒临破产境地。到 1944 年 6 月，水口山矿区的房屋、设备破坏殆尽，窿道全部被水淹没。

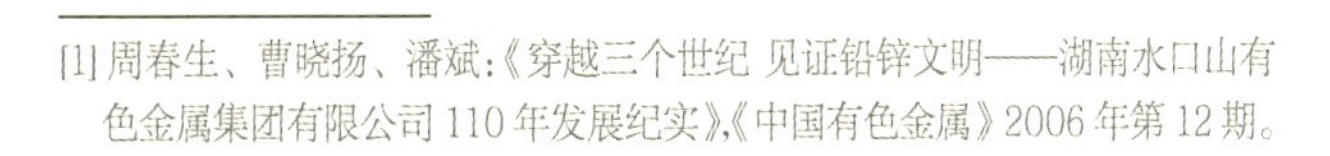
[1] 周春生、曹晓扬、潘斌：《穿越三个世纪 见证铅锌文明——湖南水口山有色金属集团有限公司 110 年发展纪实》，《中国有色金属》2006 年第 12 期。

抗战胜利后，水口山矿区已是破瓦断垣，废铁朽木，举目荒凉。国民党政府因财政困难，无力恢复生产。1946 年，湖南省政府将水口山矿务局与松柏黑铅炼厂合并，设立联合保管处，尝试开工冶炼。由于工程浩大，这一举措遭到社会质疑：有人认为水口山已经开采四十多年，富矿基本被采掘一空。复工不到一年的时间，水口山就因经费紧张，产品滞销，不得不再次停工。

表 1-2 水口山矿务局历任长官表（1896—1949）

姓 名	职 别	任职年月
廖树蘅	总办、后兼办龙王山矿务	1896 年 3 月至 1903 年 9 月
廖基植	总办	1903 年 9 月至 1912 年 2 月
余怀清	会办	1912 年 2 月至 1912 年 7 月
郭调元	局长	1912 年 7 月至 1913 年 8 月
李国钦	次长	1912 年 8 月至 1913 年 8 月
梁鼎甫	总理	1913 年 8 月至 1915 年 8 月
陈家骐	协理	1913 年 8 月至 1915 年 8 月
陈家骐	总理	1913 年 8 月至 1915 年 11 月
邓 彬	协理	1913 年 8 月至 1915 年 11 月
沈景爵	总理	1915 年 12 月至 1916 年 3 月
周维蓉	局长	1916 年 4 月至 1920 年 4 月
赵铭鼎	局长	1920 年 5 月至 1921 年 12 月
刘世涛	局长	1922 年 1 月至 1923 年 11 月
彭国钧	代行局长、清理委员	1923 年 8 月至 1923 年 12 月
宾步程	局长	1923 年 12 月至 1924 年 9 月
邓寿铨	局长	1924 年 12 月至 1926 年 3 月
江中砥	局长	1926 年 4 月至 1927 年 4 月
钟伯谦	副局长	1926 年 1 月至 1927 年 4 月
黄 荃	局长	1927 年 4 月至 1927 年 8 月
钟伯谦	副局长	1927 年 4 月至 1927 年 8 月
余焕东	局长	1927 年 9 月至 1928 年 4 月
钟伯谦	局长	1928 年 4 月至 1932 年 7 月
唐伯球	局长	1932 年 8 月至 1937 年
谭伯强	局长	1937 年至 1940 年 7 月
陈宗鉴	局长	1940 年 8 月至 1944 年
谭 丙	水口山铅锌矿局湖南炼铅厂联合管理处处长	1945 年 12 月至 1946 年 7 月
周怒安	水口山铅锌矿局湖南炼铅厂联合管理处处长	1946 年 8 月至 1950 年 4 月

三、现代矿业的调整与跨越（1949—2001）

1949 年 10 月，衡阳解放，水口山矿务局由湖南省军事管制委员会工矿处接收。1950 年初，中央重工业部首届全国有色金属工业会议召开以后，水口山被确定为全国九家首批修建的有色金属厂矿之一，国家为恢复生产，投资 6000 吨小米。1950 年 4 月改由中南区重工业部接管，易名为“中南区湖南常宁水口山铅锌矿管理局”，划归中南有色金属管理总局湖南分局领导，更名为“中南有色金属管理总局湖南分局水口山矿务局”。后湖南炼锌厂和衡阳锌品制造厂划归中南有色金属管理总局领导，长沙炼锌厂定名为“水口山矿务局第一厂”，衡阳锌品厂定名为“水口山矿务局第二厂”，原松柏炼铅厂定名为“水口山矿务局第三厂”。从 20 世纪 50 年代开始，水口山矿务局规模不断扩大，新建了机修厂、第六冶炼

▲柏坊铜矿冶炼车间

▲水口山二厂旧貌

厂和炼铜厂，接管了柏坊铜矿、车江铜矿（1968 年移交省冶金局管辖），成立了运输大队、基建工程队，开发和新建康家湾矿。经过三十年发展，水口山矿务局已经建成为两个矿山、五个冶炼厂和三个辅助生产单位的大型有色金属联合企业。

中华人民共和国成立之初，百废待兴，工业建设急需有色金属，水口山复工被迅速提上日程。时任中共郴州地委第一书记、郴州军分区司令员刘亚球主动请缨，出任水口山矿务局副局长、代局长，领导复工工作。刘亚球 17 岁就来到水口山做矿工，1922 年担任工人俱乐部通讯员，从此走上革命征途。在他带领下，水口山职工经过艰辛努力，排除了窿内积水，修复了巷道，组织探明矿区的金属储量，改进矿山的设备，安排好工人的生活，发展矿山的生产。从 20 世纪 50 年代开始，水口山修建了衡阳至矿区的高压电线路和衡松公路，建成了关内第一家浮选厂，铅厂恢复生产并进行松柏锌厂的筹建，矿务局得以全面恢复生产并逐步走上正轨。随着湖南炼锌厂、衡阳锌品厂、松柏铅厂、松柏锌厂、铅锌矿浮选厂正式命名为水口山矿务局第一、二、三、四、五厂，水口山作为联合企业的基础得以奠定。水口山矿务局还奉命援建了国内二十余家知名有色金属企业，先后派出专业技术人才到广西、辽宁、江西、广东等省外多地及省内开办铅锌矿业，全国铅锌矿业大多技出水口山，如株洲冶炼厂、广西泗顶铅锌矿、临湘桃林铅锌矿、桂阳黄沙坪铅锌矿等，水口山赢得了“中国铅锌工业的摇篮”之美誉。

▲康家湾铅锌金矿

中华人民共和国成立以前，各帝国主义国家和国民党政府为多赚钱，大肆开采含锌含铅较高的矿石，却把采选出来含量较低的矿石当作废砂堆遍了整个矿区。这些“废砂”经过长年的日晒风吹，一半以上发生了不同程度的氧化作用，变成了氧化铅、氧化锌。这些氧化矿物含铅约 2.4%，含锌 7.5%，其中氧化部分又占一半左右。新中国成立后，人民政府为了增加社会财富，建立了浮选车间，专门浮选“废砂”。但因国内没有处理氧化矿物的经验，虽然从“废砂”中收回了大量铅锌矿砂，却有大量的氧化铅不能收回来。这不但浪费了有用的资源，而且影响浮选车间生产任务的完成，影响炼铅车间原料的供应。1952 年

▲康家湾铅锌金矿原办公所在地

10 月，苏联专家安德格拉夫建议浮选车间利用硫化法把氧化铅收回来，并详细地介绍了三种浮选程序。水口山矿务局领导根据苏联专家的建议，立即组织力量，经过三百多次试验，终于从废弃的尾砂中浮选氧化铅精砂，最高收回率达到 55.5%，最高品位达到含铅 52.98%；一般的收回率达到 50% 左右，精砂品位达到含铅 30% 以上，合乎冶炼要求。得益于这一试验的成功，一年时间内，该车间从“废砂”中浮选了氧化铅精砂三百余吨，可炼成数十吨粗铅，为国家增产了大量珍贵的有色金属，也为我国有色金属工业选矿部门收回氧化矿物提供了技术经验。

经过几十年的开采生产，水口山已探明的矿储大都进入枯竭期，如何发展面临严峻考验。20 世纪 70 年代中期，采矿工程师赵俊打破权威专家关于水口山铅锌矿藏“硐老山空”的论断，配合湖南冶金地质勘探公司有色勘探 217 队发现了康家湾铅锌金矿，获矿石量 1669 万吨。这个矿具有规模大、品位高、地下水较少、距离老矿区近 4 个优点，其矿储量相当于水口山 1978 年底保有储量的 3 倍。

1980 年以来，全国的企业改革改制逐步推开。然而，水口山矿务局的发展却面临诸多困难和危机：一是矿山资源枯竭，品位下降，原料严重不足，被人称为“硐老山空”；二是矿山机械化程度低，冶炼工艺落后，厂房设备老化，应变能力不强；三是“三废”污染严重，农赔款额巨大；四是交通不便，运输条件差；五是职工人数多，退休职工与待业青年与年俱增。在这严峻的形势面前，有的认为国家要开放了，而水口山却会关闭了。[1] 在时任国务院副总理王震同志的亲切关怀下，康家湾矿开发建设得以迅速立项。为使矿山早日投产，水口山人打破常规，积极实施“探采结合、以矿建矿”的新模式，大大缩短了建设周期，具备了年 50 万吨铅锌金银矿石采选能力，利润超 2 亿元，成为全国第四大铅锌矿山，也成为水口山重要的资源接替基地和效益支柱。1988 年，水口山矿务局已发展成为集采、选、冶为一体的大型有色金属联合企业，跻身全国 500 家最大工业企业行业。

[1] 肖芳玉:《水口山矿务局建矿一百周年回眸》,《有色金属》1996 年第 12 期。

四、新时代水口山矿业的战略发展与转型（2001年至今）

水口山矿务局从2001年开始进行公司制改革，组建水口山金属有限责任公司。2003年4月，经湖南省政府批准，组建为“湖南水口山有色金属集团有限公司”。水口山2009年加入中国五矿集团，现有在岗员工3500余人。公司现为一个集采矿、选矿、冶炼为一体，以铅、锌、铜和稀贵稀散金属冶炼为主的大型有色金属联合企业，下辖铜铅锌矿山3座，铜、铅、锌、稀有稀贵金属和无汞锌粉冶炼厂各1座，拥有60万吨铜铅锌采选、28万吨铜铅锌冶炼、2000千克黄金、400吨白银生产能力，生产铅、锌、铜、金、银、铍、锆、铋、砷、硫酸等有色金属和有色化工系列产品50种，年工业总产值15亿元，销售收入17亿元，产品畅销全国各地，自营出口30多个国家和地区，跻身中国制造业500强。公司先后荣获“全国五一劳动奖状”“中央企业先进基层党组织”“全国模范职工之家”“中国铅锌行业绿色创新发展杰出贡献奖”“中国五矿先进基层党组织”“湖南省节能减排科技专项示范企业”“湖南省重合同守信用单位”等荣誉称号。

近年来，湖南省针对水口山矿业、冶炼、化工等传统产业，积极淘汰落后产能，加快推动产业提质升级。把依托于矿冶发展的水口山经济开发区作为县域经济“强筋壮骨”的关键，致力打造“国家级园区、循环化产业、创新型

▲五矿铜业（湖南）有限公司

▲湖南水口山有色金属集团有限公司

基地”。金铜项目、宏兴化工、华兴冶化正式投产，金翼铅业、大宇锌业、珍源回选厂试产见效，2018 年国内首个一次性年产 30 万吨锌的项目基地落户水口山，整个铜铅锌产业基地项目计划投资约 100 亿元，新建年产 30 万吨锌，改扩建 30 万吨铜，改造 10 万吨电解铅及稀贵金属综合回收项目。全部投产后，预计年产值达 200 余亿元，年利税达 15 亿元。到 2025 年，水口山力争实现年技工贸总收入 1200 亿元，税收达 40 亿元以上。

面向未来，水口山有色金属集团有限公司继续秉持“抓效益、谋发展、促和谐、建设美丽水口山”的工作方针，树立“集约、简约、激活、激励”的管理理念，通过深化改革、创新发展、提质增效，促进结构优化升级，延伸价值链，全面提升核心竞争力，把握发展机遇，努力将水口山打造成为中国五矿的铜铅锌冶炼基地。水口山自始至终坚持走绿色、可持续发展的道路，在发展经济的同时，不忘对自然环境的保护，致力于建设“优美环境、和美矿区、美好前景”的现代企业。

回顾水口山的历史，传承、奋斗、改革和创新是永恒不变的主题，正如有媒体评价的那样，“水口山的成功，是一代又一代水口山人用心血、智慧和不懈的追求将‘顽石’点成了‘真金’，将历史、今朝与未来锤炼得更加辉煌。水口山的成功，在于始终以自主创新引领产业发展，勇于接受世界工业文明的新思想、新理念、新成果，并成长为搏击市场的核心竞争力。水口山的成功，还在于悠久的文化积淀、传承和创新，并成长为水口山人共有的文化血脉和精神名片”[1]。

[1] 周春生、曹晓扬、潘斌:《穿越三个世纪 见证铅锌文明——湖南水口山有色金属集团有限公司 110 年发展纪实》,《中国有色金属》2006 年第 12 期。

第二章　水口山工业遗址遗存

历经千年沧桑，水口山在不同时期均留下了采矿和冶炼等工业遗址遗存，总面积达 78.5 平方公里，并且内容丰富，拥有汉代至清代采矿遗址、冶炼遗址以及矿山红色革命文化遗址。地面主要有 8 万余平方米的露天采场、作业采场、盘竖（盲）井及斜井、矿山废弃建设和构筑物，地下遗迹主要有龙王山矿区、老鸦巢冶炼遗址、忆苦窿、老窿洞、矿柱、充填天井、通风天井、防空洞至十三中段等 22 处。2013 年 5 月，国务院印发《关于核定并公布第七批全国重点文物保护单位的通知》，核定公布了第七批全国重点文物保护单位 1943 处，水口山铅锌矿冶遗址榜上有名。目前，水口山铅锌矿遗址主要包括地面遗迹和地下遗迹共 19 处。地面遗迹由工业遗迹和革命遗迹组成。工业遗迹有龙王山矿石采选场遗址、水口山第三冶炼厂早期建筑群、水口山铅锌矿办事公署旧址、红色会堂旧址、水口山铅锌矿办公大楼、水口山铅锌矿早期住宅群、水口山铅锌矿专家楼旧址、水口山铅锌矿职工医院旧址、铅锌矿影剧院旧址、铅锌矿职工理发店旧址；革命遗迹有康汉柳饭店旧址、水口山工人骨干会议旧址、水口山工人秘密聚会旧址、水口山工人俱乐部成立会旧址—康家戏台、刘亚球旧居等。地下遗迹主要有老鸦巢冶炼遗址、水口山铅锌矿二号、五号矿井及斜坡式矿井（忆苦窿）。这些数量可观的遗迹，都是水口山千年古矿的实物见证。

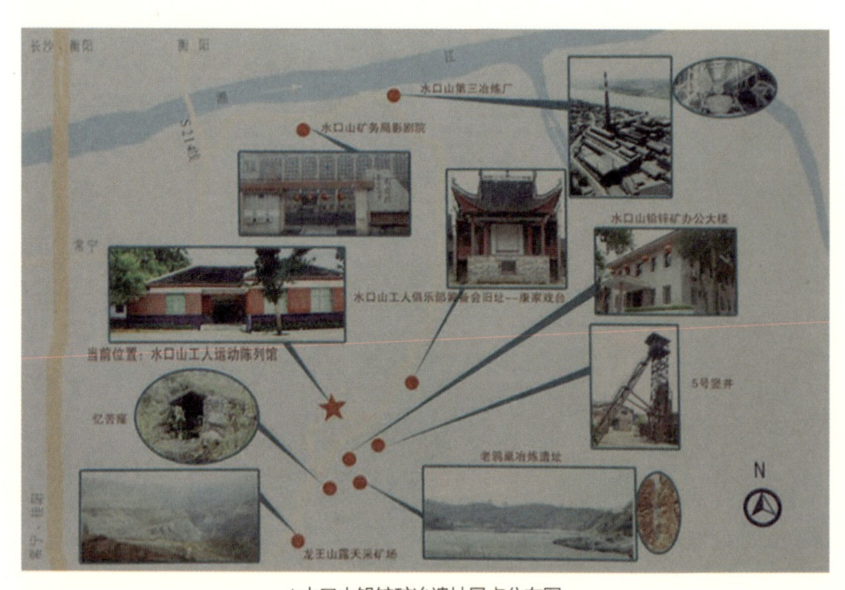

▲水口山铅锌矿冶遗址景点分布图

一、水口山第三冶炼厂

▲第三冶炼厂早期建筑群遗址碑

水口山第三冶炼厂位于水口山铅锌矿东部，面积达 1 万余平方米，是全国最早采用西化设备工艺的炼铅地，闻名世界的“水口山炼铅法”诞生于此。1908 年建厂于长沙南门外六铺街，原名“湖南黑铅提炼厂”，主要产品为纯铅和白银。1930 年通过改进生产方法在全国范围内首次实现了在生产纯铅过程中附产黄金和粗铜。1938 年因火灾导致厂房焚毁，工厂搬迁至湖南常宁松柏镇重建，又称“松柏炼铅厂”。1944 年日寇侵略衡阳导致厂房设备破坏殆尽，生产全部停止。1952 年恢复生产后改名为水口山矿务局第三冶炼厂，生产出新中国第一锅铅，并开始提炼电镉、硫酸锌、铟、碲、硒、铊等稀有元素。随着冶炼技术和工艺的不断发展，尤其是随之而来的污染问题，原冶炼技术被淘汰，厂房大多被废弃。

2013 年 3 月 5 日，水口山第三冶炼厂被国务院公布为全国重点文物保护单位，保护范围以每栋厂房外墙基为起点，四向各延伸 15 米，建设控制地带由四向各延伸至保护范围外 30 米处。厂区未来将建设衡阳市首个工业旅游基地“水口山铅锌冶炼工业博物馆”。

▲三厂内的旧办公楼

▲烧结车间外景

现存的烧结锅、熔炉、烟化炉、传输带等生产设备保存完整，是我国近代炼铅工业技术不断进步的实物见证。

▲烧结锅

烧结是将粉状含硫铅物料高温燃烧，氧化脱硫粘结成块，形成烧结块，再入鼓风炉熔炼产出粗铅。烧结锅是我国自行研发的第一代烧结——鼓风炉炼铅工艺的重要设备，就是在这些大锅里，生产出了“新中国第一锅铅”。1987 年，电解铅的投产标志着水口山第三冶炼厂现代化革新时代的到来。厂内现保存了 20 世纪 40 年代至今的整个流水线生产车间——鼓风炉、烧结等车间，保留设备数十组，是开辟工业遗址博物馆的首选场所。

▲三厂的旧车间

▲三厂内曾经亚洲最高的烟囱

▲三厂内旧鼓风炉设备

▲三厂内的传送设备

水口山工业烟囱很多，但第三冶炼厂内的大烟囱最具有代表性和地标性。这根工业化时代的大烟囱，拥有巨大的体形和显眼的高度，始建于 1983 年，高达 148 米，高度和规模当之无愧是当时的亚洲之最。其外墙与周边建筑的颜色融为一体，呈灰色或暗黄色。烟囱是水口山重要的工业文化遗产，透露出独特的工业之美。如果采用亮化效果，烟囱将成为水口山工业城夜景的一个亮点，并和其他工业建筑形成“一塔耸立，众楼相拥”的独特景观形象。

水口山第三冶炼厂是我国首先采用鼓风炉熔炼的老厂。自 20 世纪 50 年代以来，针对劳动条件差、生产效率低、技术经济指标不高等缺陷，厂内工程技术人员在冶炼方法和操作机械化等方面不断进行革新，取得了较为显著的效果。例如：根据各个烧结锅分散作业的既定条件，逐步实现烧结工序的配料、加料、破碎和运输等操作机械化和自动化，降低了劳动强度，提高了劳动生产率；采用水淬渣代替返粉和空白熔剂，减少了冶炼费用；首创冶炼铅鼓风炉密闭炉顶装置，实现密闭装料技术，有利于工作环境的净化。

今天，水口山第三冶炼厂的工业遗迹正以自己的独特方式诉说着过去的故事和辉煌。

表 2-1 水口山第三冶炼厂年鉴

时间	主要纪要	备注
1908 年	原名“湖南黑铅冶炼厂”	中国第一家炼铅厂
1909 年	投产，主要产品为纯铅和白银	
1930 年	改进生产方法，实现了我国第一次能在生产纯铅过程中附产黄金和粗铜的工艺技术	
1938 年 11 月	因火灾，长沙厂房被焚毁	
1939 年	搬迁至湖南常宁市松柏（今水口山镇），新建了松柏湖南黑铅厂	
1940 年	常宁厂房建成投产	
1944 年	日寇进逼衡阳，水口山沦陷，厂房设备破坏殆尽，生产全部停产	
1952 年	重新恢复生产，改名为水口山矿务局第三冶炼厂	
1953 年起	开始综合利用研究工作，提炼电镉、硫酸锌、铟、碲、硒、铊等稀有元素的试验陆续获得成功	
2006 年	改造升级第三代“水口山炼铅法”，停止了烧结——鼓风炉炼铅工艺的生产	
2013 年	水口山第三冶炼厂被列入国家重点文物保护单位	

二、老鸦巢冶炼遗址

▲老鸦巢冶炼遗址碑

老鸦巢冶炼始于汉代，遗址位于老鸦巢东部山体半山腰上，由于千百年来矿体的开采和不断的发展，多被掩填，面积分布较广，从龙王山、老鸦巢、鸦公塘一直到半边街等几十万平方米，保存完整。2010 年在第三次全国文物普查过程中，普查队员曾在半山腰发现冶炼炉渣、炭末等冶炼遗迹。现冶炼遗址多被冶炼尾沙填埋。1904 年，老鸦巢建成第一坑斜井，并装设锅炉、抽水机、吊车、铁轨，利用机械排水和运矿石。2013 年 3 月 5 日，老鸦巢冶炼遗址被国务院公布为全国重点文物保护单位。

▲老鸦巢冶炼遗址

▲冶炼遗址上的矿石

▲ 老鸦巢冶炼遗址周边环境

老鸦巢自清政府于 1896 年收归官办以来，已有 100 多年的开采历史，曾以富产铅锌著称于世，金、硫铁矿资源也很丰富。为进一步探明矿藏资源，有关部门于 1980 年完成了十一中段以上的地质勘探工作，1981 年至 1990 年完成了十二、十三两个中段的地质勘探工作，共投入坑探 4280 米、钻探 3587 米，探获远景铅锌矿石量、黄铜矿石量、金矿石量、硫矿石量、铀矿石量均十分丰富，开采空间还很大。

三、水口山铅锌矿五号竖矿井

▲五号竖矿井遗址碑

水口山铅锌矿五号竖矿井始建于 1957 年，从地表至九中段。1971 年，该井下延至十一中段，1975 年又复下延，1980 年底，井筒延至地下 481.80 米，开拓了十二、十三两个中段，现井深 568.09 米。

1975 年 7 月至 1979 年 12 月从九中段延伸到十三中段，并安装钢丝绳罐道，由于摆动大，多次发生碰撞，于 1981 年 2 月改成钢梁罐道，是国内较早的多绳摩擦提升设备。2008 年完成五号井筒大修改造，电控部分高压采用绕线式异步电动机转子串电阻调速，低压引入了变频技术，可实现无级调速。2013 年 3 月 5 日，水口山铅锌矿五号竖矿井被国务院公布为全国重点文物保护单位。其保护范围以地面井架外源为起点，四向各延伸 15 米，建设控制地带为四向各延伸至保护范围外 60 米。

五号竖矿井整体保存完整。醒目高大的矿井井架矗立在空地上，铁架表层布满黑锈，体现出刚健有力的感觉，有着历经风雨的沉稳。井内设有双层罐笼，供人员上下和提升材料、废石之用，其中主罐用于生产，副罐用来载人。目前，五号竖矿井仍在作业，工人们利用它进行尾矿的采掘。

▲五号竖矿井组图

四、水口山斜坡式古矿井——忆苦窿

▲忆苦窿遗址碑

水口山斜坡式古矿井——忆苦窿洞口位于铅锌矿东南部，东临半边街，西临铅锌矿，南为矿工开辟的菜地，紧依铅锌矿五号矿井，北依老鸦巢老矿区，长 8 米，宽 2.2 米，高 1.5 米，呈斜坡式，现已经被封闭，覆盖有杂草。进入矿洞内向右为宽敞的矿洞穴，宽 12 米，长 60 米，高 8 米。洞内古代木方框支架保存完好，现保留大量的古代采矿工具，如背篓、灯具、铁锤、钢钎、竹缩节、木制溜槽，历史文物资源丰富。除此之外，在忆苦窿内有作业采场、放矿斗、充填采场、矿柱、充填天井、通风天井、斜场道、防空洞等。

斜坡式古矿井始建于清光绪年间，井口迎南而开，呈斜坡式。后来由于地面浅层矿体基本已被采掘一空，只能向地下推进。当时，井筒内斜长达到 180 米，垂深达 147 米，矿石的采运愈发困难。为了解决这个难题，时任矿务局设计师夏估卿设计、运用蒸汽动力来从地下运矿、抽水，使矿石的开采量大有改观。1968 年，矿井曾开辟忆苦思甜场景作为爱国主义教育基地供人们参观，还遗存有雕塑、演出舞台等近现代文物。2013 年 3 月 5 日，水口山斜坡式古矿井——忆苦窿被国务院公布为全国重点文物保护单位。

▲忆苦窿所在位置

五、龙王山露采场

龙王山露采场位于水口山铅锌矿区龙王山顶，始采于汉，开始主要是无序开采硫磺矿、银矿。清政府派俞光容主持开采，开采的矿石品种有铅、锌、铜、金、银、钛、锡、巯铁、钼等。

1980年10月，龙王山开始进行大面积的机械化开采。现在的采选场山体上下落差600米，场内形成不规则台阶，每级高8米，宽6.4米，最底部长280米，宽35米，层层而上，高500余米，最顶部长400米、宽200米，露采场总面积达80000多平方米。从远处瞭望，龙王山露采场如玉带缠绕，气势恢宏，令人心旷神怡，在感叹自然丰富馈赠的同时，也对千百年来人民的辛勤劳作成果油然而生敬畏之情。

龙王山露采场目前仍在开采，整体保存较为完整。2013年3月5日，龙王山露采场被国务院公布为全国重点文物保护单位。其保护范围为以遗址外缘为起点，向四面延长各50米，建设控制地带为四向各至保护范围外50米处。

▲龙王山露采场

▲龙王山露采场矿池

▲龙王山露采场的粗矿

▲从龙王山远眺水口山厂区

六、水口山铅锌矿局办事公署旧址

▲铅锌矿局办事公署旧址碑

水口山铅锌矿局办事公署旧址位于水口山铅锌矿区东南部，始建于民国初期，是当时铅锌矿局的办事公署，1953年5月重新修缮，现为水口山有色金属集团公司铅锌矿办公楼。旧址位于矿区南部，占地面积400平方米，为二层欧式小洋楼，砖木结构，歇山屋顶，滴水平檐，红板瓦覆面，外墙为红砂碎石覆面。设有门厅，中间设走廊，南北各分布三间办公室，二楼楼板均为木板铺设。主体建筑布局合理，结构庄重典雅。旧址及周边环境保存完好。2013年3月5日，水口山铅锌矿局原办事公署被国务院公布为全国重点文物保护单位。保护范围以墙基为起点，向四面各延长15米，建设控制地带为四向各至保护范围外30米。

▲铅锌矿局办事公署旧址

水口山铅锌矿局办事公署旧址是耿飚、宋乔生等老一辈革命家开展反对帝国主义和封建军阀革命斗争的实物见证。大革命时期，公署旧址所在地又被称为白寮台。该地有一棵大枫树，据说耿飚在水口山参加革命时就有了这棵树，现仍枝叶茂盛，生气勃勃。水口山工人大罢工期间，耿飚奉命在办事公署门前的枫树下侦察铅锌矿局动向，及时向工人俱乐部报告。1992 年，耿飚重返水口山，特意到大枫树下回忆从前的革命岁月，感慨万千。

▲见证过水口山革命岁月的大枫树

七、水口山矿务局影剧院

▲水口山矿务局影剧院碑

水口山矿务局影剧院始建于1978年，占地面积约1064平方米，设有座位1500个，使用35毫米座机放映，其演出灯光、音响、舞美等放映设施保存完整。2006年停止使用。一直以来，影剧院都是水口山工人和居民开展文化活动的重要场所和水口山精神文明建设历史变迁的实物见证。2013年3月5日，水口山铅锌矿影剧院被国务院公布为全国重点文物保护单位。

水口山矿务局影剧院作为集电影放映、文艺演出、宣传教育等多项功能于一体的文化消费场所，在传播文明、带动经济、普及教育、丰富精神生活等方面有着举足轻重的作用，是工人文化生活中不可或缺的重要部分。

▲水口山矿务局影剧院正面

▲影剧院正面近景图

▲影剧院侧面

▲影剧院前的人行道

▲影剧院围墙栏杆

八、水口山工人俱乐部成立会旧址——康家戏台

康家戏台始建于清朝同治年间，位于水口山铅锌矿东侧康家溪畔的金联村，东依联盟小学西院墙，西、北紧临金联村住户住宅房，南部为开阔的稻田与铅锌矿遥遥相望，镇级公路四通八达，交通十分便利。戏台建筑整体保存完整，总面积 77.37 平方米，是常宁市唯一保存完整的古戏台。它的另一个重要意义是湖南境内首个矿山俱乐部——水口山工人俱乐部在此成立，工人运动的火种被点燃，孕育了震惊中外的水口山工人大罢工。2013 年 3 月 5 日，水口山铅锌矿影剧院被国务院公布为全国重点文物保护单位。

▲康家戏台正面照

▲康家戏台侧面照

康家戏台为砖木结构，平面呈“凸”字形，重檐歇山顶，小青瓦，绿琉璃瓦剪边，正脊两端为龙形正吻，罗刹宝顶居中，飞檐为凤凰饰，距正脊 7 米处安置黄釉彩狮 2 座。戏台分前台后室，前台 4 根明柱支撑八角藻井，中位八角覆形藻井。整座建筑整体造型庄重、典雅，建材选用合理，做工考究，雕工精巧，台梁架饰以精美的雕刻图案，前台明柱之间的穿插枋多为扇形凸雕手法，龙狮雕刻神态逼真，充分反映了当地的建筑理念和工艺水平，是典型的清代时期湘南建筑，为乡土建筑的代表作，具有很高的研究价值。

▲富有湘南建筑特色的装饰

九、康汉柳饭店

康汉柳饭店原名“康连升伙店”，由创始人康汉柳于 1904 年建造，位于康家戏台右边的一条小街上，坐东朝西，砖木结构，硬山顶，小青瓦覆面，为典型的湘南农家二层阁楼式住宅。原屋有上下两层 10 个房间，楼上住宿，楼下吃饭，前面有 4 米宽的阶檐，占地面积约 320 平方米。由于 2003 年已倒塌了 3/4，现在只余南边厢房，占地面积为 42.3 平方米。2013 年 3 月 5 日，康汉柳饭店被国务院公布为全国重点文物保护单位。保护范围为以墙基为起点，四向各至 10 米处，建设控制地带为四向各至保护范围外 30 米处。

▲康汉柳饭店旧址碑图

康汉柳饭店是湖南常宁早期工农革命的重要据点（当时的常宁农民协会联络点），在水口山工人运动史上发挥了非常重要的作用。历经百年风雨沧桑，现仅保留了当时工人运动领导人开会的房屋，其余部分均被损毁。20 世纪 60 年代，在房屋的夹墙墙缝里曾发现过大革命时期使用的梭镖、大刀等，现收藏于水口山工人运动陈列馆内。

▲团队成员与康汉柳饭店后人合影

▲康汉柳饭店外部照

▲康汉柳饭店内部照

十、其他工业文化遗产

水口山工业文化遗产类型丰富，涵盖了古遗址、古建筑、工业遗存、革命遗址（文物）等不同类型。据不完全统计，除前述已经列入“国宝”名单的9处遗址遗存以外，水口山工业文化遗产还包括诸多数量可观的物质类和非物质类遗产，它们同样具有重要的价值。例如：物质类文化遗产有红色会堂旧址、水口山铅锌矿早期住宅群、水口山铅锌矿专家楼旧址、水口山铅锌矿职工医院旧址、铅锌矿职工理发店旧址、水口山工人骨干会议旧址、水口山工人秘密聚会旧址、刘亚球旧居、铅锌矿二号竖矿井等。此外，还有纪念馆、历史档案、报纸、厂史厂志、票据、纸质文献、雕塑壁画、报纸橱窗、奖状奖杯、照片等。非物质类文化遗产是指与历史相关的历史事件、人物事迹、机构组织；与生产相关的工艺流程、科研成果、产品质量；与管理相关的规章制度、企业精神、企业文化等。

表 2-2 水口山工业文化遗址遗存一览表（部分）

遗址遗存名称	类别	保存现状
龙王山矿石采选厂	矿业遗址	完整
水口山铅锌矿遗址五号竖井	矿业遗址	完整
水口山矿冶遗址斜坡式古矿井（忆苦窿）	矿业遗址	完整
老鸦巢冶炼遗址	矿业遗址	完整
水口山第三冶炼厂	近代工业遗址	完整
铅锌矿影剧院	近代工业遗址	完整
水口山工人俱乐部筹备会旧址	近代工业遗址	完整
康汉柳饭店	近代工业遗址	残损
原水口山铅锌矿办事公署	近代工业遗址	完整
水口山第二子弟学校旧址	文化遗址	残损
工人住宅群旧址（圆山村、民主村）	文化遗址	残损
理发店旧址和澡堂旧址	文化遗址	残损
专家楼旧址	文化遗址	残损
职工医院旧址	文化遗址	残损
红色会堂旧址	文化遗址	残损
水口山工人骨干会议旧址（水泵房）	文化遗址	残损
二号竖矿井	矿业遗址	残损
刘亚球旧居	文化遗址	残损
水口山铅锌矿办公大楼旧址	文化遗址	残损
水口山工人秘密聚会旧址（四十八间）	文化遗址	残损
职工理发店	文化遗址	残损
半边街、职工专用澡堂、“忠”字坪、矿山公园、材料库、幼儿园、子弟学校、技校、矿机关办公房、露天电影院、洋泗塘职工居住区、各类职工宿舍楼、原地质 217 队大礼堂、原铅锌矿贸易商店、运载矿石的轨道车及各类设备、雕塑	工业遗址 文化遗址	残损

（一）水口山二号竖矿井

▲民国时期的二号竖矿井

▲如今的二号竖矿井

水口山二号竖矿井位于水口山铅锌矿矿部西北，是铅锌矿地下至地面矿石提拉主矿井，井口海拔 236.5 米。其始建于 1914 年，现井深 424.22 米。当时作为主风井，由地表下到三中段，开拓一、三两个中段，井口标高为地下 86.12 米，井底标高为地下 61.81 米。1955 年延伸至五中段，1957 年延伸至九中段，井筒深达 380 米，作为矿石提升主井，改原双罐提升为双箕斗提升。1958 年，双箕斗设施完成，是国内最早的底卸式箕斗。1958 年投产，井下矿石全部集中于九中段由二号井提升，提升能力为 1000 吨 / 天，1960 年复将二坑延深至十中段，井底标高为地下 338.10 米。2013 年完成二坑井筒大修改造，对系统机械设备全部成套更新，电控部分升级为全数字变频调速控制。2013 年 3 月 5 日，水口山二号竖矿井被国务院公布为全国重点文物保护单位。保护范围以地面井架外源为起点，四向各至 15 米处，建设控制地带为四向各至保护范围外 60 米处。

▲工人在二号竖矿井劳作

（二）水口山铅锌矿专家楼旧址

水口山铅锌矿专家楼旧址始建于1953年5月，建成于1953年底。建筑面积440平方米。主体建筑坐北朝南，平面呈“T”字形，砖木结构，青瓦屋面，红砖墙。1952年10月，苏联专家援建铅锌矿，为解决专家的住宿问题兴建了专家楼，有10多位专家在此居住。1956年专家撤离，后被作为铅锌矿办公场地、招待所、舞台等。2010年旧址改建为水口山工人运动陈列馆。2013年3月5日，被国务院公布为全国重点文物保护单位。保护范围以旧址外墙墙基为起点，四向各至20米处，建设控制地带为四向各至保护范围外30米处。

▲专家楼旧址

▲旧址现为工人运动陈列馆

▲工人运动陈列馆大门

（三）红色会堂旧址

▲红色会堂旧址侧面照

红色会堂旧址位于水口山铅锌矿东北部，始建于 1954 年，20 世纪 80 年代于原址处重新修建，坐东朝西，占地面积 836.4 平方米，由会堂、电影放映及办公用房组成。会堂为空架一层房，青瓦屋面，硬山顶，红砖墙体，南北两面墙体顶部以万字水泥花板镂空，共 18 处通风口和 14 处采光窗。办公用房为 3 层砖混平顶楼。2013 年 3 月 5 日，红色会堂旧址被国务院公布为全国重点文物保护单位。保护范围以旧址外墙墙基为起点，四向各至 15 米处，建设控制地带为四向各至保护范围外 30 米处。

▲红色会堂旧址正面照

（四）刘亚球旧居

▲刘亚球

刘亚球（1904—1984），湖南衡山县人，17 岁到水口山铅锌矿做工，1922 年任水口山矿工人俱乐部通讯员，从此走上革命征途。1926 年，刘亚球在衡阳西乡和衡山岳北等地从事农运工作，任乡农协组织委员。1927 年，他进入湖南农讲所学习，同年加入中国共产党。大革命失败后，刘亚球参加工农革命军，历任红军独立师第三团政委、红六军团政治部宣传部长、红二方面军四师政委、八路军一二〇师政治部民运部长、湘南地委书记兼支队司令员和政委。新中国成立后，任中共郴州地委书记兼军分区政委。1950 年夏，他主动请求到水口山工作，任水口山矿务局筹备处主任，后任副局长、代理局长，组织探明水口山矿区的金属储量。历任中共湖南省委候补委员、湖南省总工会副主席、全国政协特邀委员、湖南省政协副主席。1984 年 12 月 11 日，刘亚球在长沙病逝，终年 80 岁。

▲刘亚球旧居

刘亚球旧居位于水口山铅锌矿区中部，始建于 1952 年，占地面积 600 平方米，坐南朝北，呈东西长方形布局，共 8 套间房（刘亚球居东起第二间），砖木结构，土砖砌成，表层覆以白沙灰，青瓦屋面，歇山顶，屋顶有隔热防漏层。2013 年 3 月 5 日，刘亚球旧居被国务院公布为全国重点文物保护单位。保护范围以旧址外墙墙基为起点，四向各至 15 米处，建设控制地带为四向各至保护范围外 30 米处。

（五）水口山铅锌矿办公大楼旧址

铅锌矿办公大楼旧址位于水口山铅锌矿东北部，坐北朝南，建于1953年，占地面积494平方米。十字平面造型，二层砖木结构，青瓦屋面，屋顶设隔热防漏层，外墙红砖砌造，内墙白砂灰粉饰。20世纪80年代后改为铅锌矿退休工会，成为退休职工休息娱乐场所，90年代停用。2013年3月5日，被国务院公布为全国重点文物保护单位。保护范围以大楼外墙墙基为起点，四向各至15米处，建设控制地带为四向各至保护范围外30米处。

▲水口山铅锌矿办公大楼旧址

（六）水口山工人秘密聚会旧址（四十八间）

水口山工人秘密聚会旧址（四十八间）位于水口山铅锌矿区中部，西北与民主村职工宿舍相毗邻，占地面积1080平方米，始建于民国早期。大革命时期，水口山工人骨干在此秘密聚会。2013年3月5日，被国务院公布为全国重点文物保护单位。保护范围以每栋建筑外墙墙基为起点，四向各至15米处，建设控制地带为四向各至保护范围外30米处。

▲水口山工人秘密聚会旧址（四十八间）

（七）水口山铅锌矿早期住宅群（民主村）

民主村位于水口山铅锌矿区的西部，占地面积达 5000 平方米，大部分坐北朝南，小部分坐南朝北。该住宅群的每栋住宅呈一字条形分布，住宅中间以墙体隔开分出四户；每两栋一排，对称平行，建筑本体分砖混结构和土木结构。其中部分房屋为土夯墙建筑，表层覆盖白沙灰，青瓦屋面，歇山顶。有民主村 14、15、16、17、18、19、20 栋共 7 栋建筑。2013 年 3 月 5 日，被国务院公布为全国重点文物保护单位。保护范围以每栋建筑外墙墙基为起点，四向各至 15 米处，建设控制地带为四向各至保护范围外 30 米处。

▲民主村的典型住宅

▲民主村 17 栋

▲ 民主村 13 栋

（八）水口山铅锌矿早期住宅群（圆山村）

圆山村位于水口山铅锌矿区东北部，坐北朝南，占地面积 1013.2 平方米。该住宅群始建于 20 世纪 60 年代，砖混结构，每栋建筑居两户，为水口山铅锌矿干部住宿的套间房，现存 9 栋。2013 年 3 月 5 日，被国务院公布为全国重点文物保护单位。保护范围以每栋建筑外墙墙基为起点，四向各至 15 米处，建设控制地带以四向各至保护范围外 30 米处。

▲圆山村的典型住宅

▲圆山村 8 栋

▲圆山村 14 栋

（九）水口山矿务局职工医院旧址

矿务局职工医院旧址位于水口山铅锌矿区西部，占地面积 1207 平方米，始建于 1953 年，主体由医务所和门诊大楼两部分组成，1954 年 6 月，扩建为水口山矿务局职工医院。1977 年 8 月，局医院逐渐从水口山搬迁到松柏新医院。1985 年整修后作为矽肺病医院。2003 年停办。2013 年 3 月 5 日，被国务院公布为全国重点文物保护单位。保护范围以旧址墙基为起点，四向各至 30 米处，建设控制地带为四向各至保护范围外 30 米处。

▲水口山矿务局职工医院旧址组图

（十）职工理发店旧址

职工理发店旧址位于水口山铅锌矿中部，坐东朝西，占地面积 113 平方米。砖木结构，青瓦屋面，歇山顶，土砖墙用白沙灰覆盖。职工理发店始建于 20 世纪 50 年代，属水口山矿务局管辖，后归属于常宁市商业局。2013 年 3 月 5 日，被国务院公布为全国重点文物保护单位。其保护范围以旧址外墙墙基为起点，四向各至 15 米处，建设控制地带为四向各至保护范围外 30 米处。

▲职工理发店旧址

（十一）工人骨干会议旧址——水泵房

水泵房始建于民国初期，土木结构，双屋面，歇山顶，土砖墙体，十字木梁架，20 世纪 50 年代后开辟用来作为新华书店，提供给矿区工人学习知识。1922 年夏，毛泽东到水口山考察工人现状，在此召开工人骨干会议。2013 年 3 月 5 日，被国务院公布为全国重点文物保护单位。其保护范围以墙基为起点，四向各至 10 米处，建设控制地带为四向各至保护范围外 30 米处。

▲水泵房

（十二）“半边街”

▲耿飚同志曾生活工作的半边街

“半边街”是耿飚同志曾经生活工作过的地方。当时，这里是一长列依山搭起的草棚、泥屋、石窠。它的对面就是选矿场。从四面八方到水口山采挖矿混饭吃的穷人，不断延长“半边街”的长度。这里也吸引了依靠各种各样职业谋生的人们，有杂货铺、酒馆、药铺、戏堂、赌场，可谓“街”味十足。由于选矿堆积如山的矿石限制了它的横向发展所以这条“街”只有一面有房。因此，工人们便叫它“半边街。”

▲半边街街景

（十三）其他各类遗址遗迹

通过调查发现，水口山的一些与工业相关的、尚未引起重视的遗址遗迹也可划入工业遗产的范围，值得下一步关注和保护。例如：职工专用澡堂、“忠”字坪、矿山公园、材料库、幼儿园、子弟学校、技校、矿机关办公房、露天电影院、洋泗塘职工居住区、各类职工宿舍楼、原地质 217 队大礼堂、原铅锌矿贸易商店、运载矿石的轨道车及各类设备、雕塑等。

职工专用澡堂是矿工们洗涤劳作污垢、消除疲劳和释放身心的地方。澡堂紧邻生产区，工人们下班后可以第一时间前来洗澡。整栋建筑为二层红砖结构，第一层是澡堂，第二层是更衣室加洗衣房。工人洗澡的时候可以把工作服放到洗衣房，由专人操作一台特大的洗衣机负责清洗打理，这在当时是非常先进的。澡堂内清洁、舒适，冬有保暖设施，夏有通风设施。据老职工回忆：“澡堂有专人收票，澡票分为两种：一种是专供局职工使用的红色澡票；一种是 2 分钱一张的绿色澡票，其他人可使用。每年大年前夕，澡堂对外免费开放，来人络绎不绝，要排长队才能洗个澡。”

▲职工专用澡堂

▲“忠”字坪

“忠”字坪位于职工宿舍区，曾经是矿区职工家属休闲娱乐的好场所。“忠”字坪修建于“文革”时期，面积并不大，原来的坪中央树立了一个巨大的“忠”字雕塑，一列微型模具小火车围绕着这个“忠”字运行，其名字由此而得来。“文革”结束后，“忠”字被一座“矿工”雕塑所取代。

▲ 水口山技校旧址

水口山技工学校旧址位于梨子园。该校兴建于1984年，曾经是水口山的技工培训基地，为厂矿培养了一大批合格的机电、冶炼技术工人。校园目前已经废弃，但仍然还存有教学楼、学生宿舍楼、礼堂、篮球场等设施，如果合理规划，完全可以改造再利用。

▲水口山矿务局子弟一校旧址

子弟一校是一所矿山子弟学校，其办学宗旨是为矿山工人子弟服务。该校历史悠久、底蕴丰厚、人才辈出，是矿山子弟腾飞的摇篮。学校自建立以来，就属于水口山矿务局直属单位，是衡阳市“园林式单位”。当时，子弟一校的老师来自全国各地，有不少是从清华、北大、复旦等名牌大学来的，所以教学质量很好。目前，学校更名为“松柏镇联盟完小”，仍在办学当中。

▲洋泗塘职工居住区

水口山职工的住房分为成套住宅和单身宿舍两种。从20世纪80年代开始，为了改善居住条件，水口山矿务局修建了上千套楼房住宅，也为单身职工新建了宿舍楼。为了使单身职工有良好的住宿条件，宿舍区设有洗涤室、缝补室、

▲职工宿舍楼组图

方便灶、开水房等，宿舍内配有电风扇、衣柜、脸盆架等用具，宿舍分配按车间、工区划分。这些宿舍楼分布在矿区不同位置，因年代久远也成了文化遗产的一部分。

此外，有一些遗址遗迹同样值得关注，如原地质 217 队大礼堂。217 队是为铅锌矿服务的勘探队，矿山资源枯竭了，217 队也迁走了。在矿区内，还可见到一些工业时代的宣传元素，如标语石刻等。

▲原地质 217 队大礼堂旧址

▲标语石刻

▲黑板报墙

▲劳动竞赛公布栏

第三章　水口山的技术工艺

水口山的历史，实际上是一部铅、锌生产的科技发展史。技术工艺的不断进步是水口山生产发展源源不断的动力。历史上，水口山首开全国西法采矿、选矿、冶炼之先河，其技术工艺、机器设备、材料产品均在不同时期代表了国内外的先进水平。水口山是一块创造科学奇迹的地方，中国第一家炼铅厂、中国第一家炼锌厂、中国第一座机械重力选矿厂、中国第一家氧化锌厂、中国第一家铍冶炼厂、中国首个机械化有色金属矿井都先后从这里诞生。这是一块领跑行业技术研发的热土，这里诞生了中国第一代炼铅工艺的重要设备烧结锅；首开中国现代火法炼锌，炼出锌块含锌量的世界最高纪录；各项新发明新技术屡屡斩获国际国内大奖，其中享誉世界的水口山氧气底吹熔炼法（“SKS”炼铅法、“SKS”炼铜法）被国家发改委、工信部、环保部作为国内实施有色产业转型升级的首选工艺予以大力推广应用，引领了世界铅铜冶炼新时代。本章将选取水口山历史上一些具有代表性的技术工艺进行简略介绍。

▲耿飚题词石刻

一、全球工艺水平最高的铜冶炼技术——“SKS”炼铜法[1]

“SKS”炼铜法是由水口山矿务局、北京有色冶金设计研究总院、北京矿冶研究总院合作完成的新炼铜工艺。为彻底改变我国铜冶炼技术全部依赖国外的状况，最大限度提高资源利用率，从 1989 年开始，经过长达 3 年的持续攻关，联合研发团队最终研发了氧气底吹熔池炼铜技术（简称“SKS”炼铜法），被誉为目前全球工艺水平最高的铜冶炼技术。

该工艺步骤是先将铜原料投入底吹炉，进行富氧底吹熔炼，除掉大部分铁、硫和其他杂质，变为铜锍；然后进入转炉吹炼，进一步除去铜锍中的铁、硫和其他杂质，变为粗铜；再进入阳极炉精炼，浇铸成阳极铜。接着，阳极铜从火法熔炼区送至湿法冶炼区，先整形规正，再电解，最后经过洗涤、剥片，成为成品阴极铜，含铜量高达 99.9935%，也就是可直接作为铜产品加工原料的一级铜。铜被炼出来，伴生的金、银等贵金属也没被落下，通过精炼、电解、阳极泥处理，提炼出成品金、银。[2] 这种冶炼工艺新颖可靠，脱硫、脱砷率高，炉衬无严重受蚀部分，炉密封性好，无烟气外泄逸散，熔池内无四氧化三铁沉淀。水口山炼铜法是继白银炼铜法之后我国自己开发出的又一个熔池熔炼新方法。[3]

[1] 由于这些工艺的研发地在水口山，所以采用水口山汉语拼音首字母进行工艺命名。

[2]《金铜铸精品有色谱新篇》，《湖南日报》2016 年 5 月 28 日，第 06 版。

[3] 蒋开喜主编：《有色金属进展——重有色金属（1996—2005）》（第四卷），中南大学出版社 2007 年版，第 25-26 页。

▲铜产品

“SKS”炼铜法研发成功以后，由于诞生工艺备料系统简单，原料适应性强，综合回收效果好，迅速推广用于解决江西铜业公司闪速炉黑烟尘返回难题和含砷铜杂料熔炼问题，为该公司铜冶炼中杂质处理找到了出路，同时也为含砷铜精矿处理找到了最佳方法。“水口山炼铜法”已被国内数十家铜冶炼企业广泛运用，山东东营方圆、恒邦已成功运用该工艺取得了良好的经济效益与社会效益，并相继在越南、澳大利亚等多个国家开花结果，被誉为“世界冶炼技术史上的奇迹”。目前，中国五矿集团在湖南的首个重大投资项目——总投资近 30 亿元的水口山金铜工程也是采用该法生产。

二、世界领先水准的铅冶炼技术
——“SKS”炼铅法

在炼铜技术创新基础上，水口山矿务局与北京有色金属设计研究总院等9家科研院所经过十余年的艰苦探索和钻研，共同研发了氧气底吹炼铅法工艺，并分别获得“中国有色金属科技进步一等奖”和“国家科技进步二等奖”。1998年中国有色工程设计研究总院带头，组织池州冶炼厂、河南豫光金铅集团、温州冶炼厂和水口山矿务局五方集资，进行氧气底吹熔炼——鼓风炉还原炼铅试验并取得了成功，形成了具有自主知识产权的“水口山炼铅法”新工艺（简称“SKS”炼铅法）。

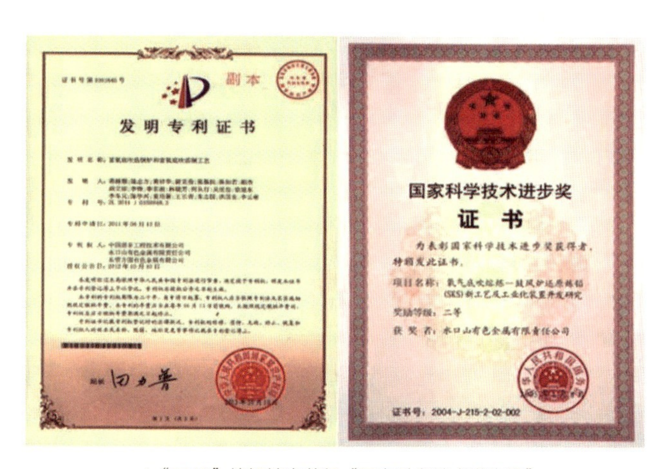

副本

发明专利证书

国家科学技术进步奖

证　书

为表彰国家科学技术进步奖获得者，特颁发此证书。

项目名称：氧气底吹熔炼—鼓风炉还原炼铅(SKS)新工艺及工业化装置开发研究

奖励等级：二等

获 奖 者：水口山有色金属有限责任公司

证书号：2004-J-215-2-02-002

▲“SKS”炼铅技术获得“国家科学技术进步奖”

该工艺分氧化和还原两段进行。在一个水平回转式熔炼炉中（该炉长度比较短）加入铅精矿、含铅烟尘溶剂及少量粉煤。这些材料经计算、配料、圆盘制粒后，由炉上方的气封加料口加入炉内；工业氧气从炉底的氧枪喷入熔池，氧气进入熔池后，首先与铅液接触反应，反应生成的一次粗铅和氧化铅（PbO），PbO 渣则由铸锭机铸块后，送往鼓风炉还原熔炼，产出二次粗铅。熔炼过程采用微负压操作，整个烟气排放系统处于密封状态，从而有效防止了烟气外逸。同时，由于混合料是以润湿、粒状形式输送入炉的，加上在出铅、出渣口采用有效的集烟通风措施，从而避免了铅烟尘的飞扬。而且在吹炼炉内只进行氧化作业，不进行还原作业，工艺过程大为简化。[1]

以“SKS”炼铅法为技术依托，2005 年 8 月“水口山第八冶炼厂”应运而生。该厂达成了年产粗铅 10 万吨、硫酸 10 万吨的生产能力，二氧化硫烟气回收率达 96%，粗铅产出品位达 97%，生产效率提高 40%。整套设备实现自动化控制，极大地降低了工人的劳动强度，改善了生产环境，标志着水口山由小规模粗放型生产向大规模集约型经营、由资源消耗型向环保效益型企业的成功转变，水口山从此迈入了大规模现代化工业生产行列。

由于具有投资省、见效快、原料适应性强、尾气及粉尘排放量远低于国家标准的巨大优势，“SKS”炼铅法被国内多家冶炼厂竞相采用。迄今为止，在我国成功运用“水口山炼铅法”的企业近 30 家，年产量规模达 250 余万吨，占全国矿产铅总产能 50% 以上。

2013 年初，水口山有色金属公司依靠自身技术力量，实施液态高铅渣直接还原项目，对炼铅工艺进行升级改造，建成了国内同类型最大的富氧侧吹还原炉。项目采用先进的有机胺可再生脱硫技术，成功设计并应用整体埋管式铜喷嘴，首创炉缸整体捣筑成型技术，经济效益和环保效益显著。相比之前的鼓风炉，侧吹炉产能极大提升，技术经济指标显著提高，渣含有价金属、能耗均大幅下降，每年可综合增效数千万元。通过不断创新，水口山的铅冶炼技术一直处于世界铅冶炼技术领先行列。[2]

---

[1] 周敬元、游力挥：《国内外铅冶炼技术进展及发展动向》，《世界有色金属》1999 年第 6 期。
[2]《水口山：沧桑砺洗铸基业励精图治开新篇》，《湖南日报》2016 年 12 月 26 日，第 10 版。

三、世界三大铍产品生产企业之一
——水口山第六冶炼厂

▲铍系列产品

在化学元素周期表中，“铍”紧跟于氢氦锂之后，排在第四位，是原子能、火箭、导弹、航空、宇宙航行以及冶金工业中不可缺少的宝贵材料。目前，世界上能够从矿石中提取工业氧化铍及其加工产品的仅有中国的水口山第六冶炼厂、美国的布拉什威尔曼公司和哈萨克斯坦的乌尔宾斯基冶金工厂等为数不多的企业。

水口山第六冶炼厂是亚洲唯一的铍冶炼基地，也是中国最早的铍产品生产基地，在这里诞生了无数个中国铍工业的第一：中国第一条氧化铍、金属铍和铍合金生产线，中国第一次在核武器和航天火箭上使用自主生产的铍，中国第一本系统阐述铍的书籍，中国第一次全国铍毒防护会议，等等。1957年4月，冶金工业部以（57）冶色密技字第970号文决定在常宁水口山建立生产铍产品等稀有金属试验性工厂（即水口山第六冶炼厂）。同时以（57）冶色密技字第935号委托书委托北京有色冶金设计总院进行设计，称［123-57］工程。其中工业氧化铍车间设计年产20吨，1958年6月基本建成投产。

▲工业氧化铍获奖证书

该厂采用硫酸法提炼氧化铍。具体过程是将绿柱石配以适量的方解石，置电弧炉中融熔；熔体经水淬后粉磨，加硫酸和水溶浸，使铍等转化为可溶性硫酸盐液；分离矽渣后，溶液加硫酸铵除铝，得附产品铝铵矾晶体；经离心分离后，滤液加氯酸钠氧化除铁，得硫酸铍溶液；在溶液中加氨水，获氢氧化铍沉淀，经烘干并煅烧后，即得工业氧化铍，冶炼回收率为 78%~80%。提炼金属铍采用的是镁热还原法，将已经精制的氢氧化铍加氢氟酸溶解，再加液氨进行盐析结晶，获得纯度较高的氟铍酸氨结晶，然后加热分解，得纯氟化铍，与镁一并置于感应电炉中，还原成金属铍珠，冶炼回收率为 49%~50%（从硫酸铍溶液算起）。金属铍的纯度为 99.0% 左右。[1]

经过几十年的发展，水口山第六冶炼厂现有职工 900 余人，其中专业技术人员 150 余人，有 60 多人的化验队伍和专门质监机构，1998 年通过 ISO 9002：2000 质量体系认证，已成为世界铍及其系列产品研究、生产、销售的一支重要力量。该厂生产的铍系列产品，由于品质过硬、技术领先，为我国航天工业及电子工业提供了有力支撑。顺利完成了“神舟”系列、“嫦娥”系列任务。党和国家领导人罗瑞卿、耿飚、张爱萍等先后到六厂视察；中共中央、国务院、中央军委和国防科工委多次致电祝贺，对六厂为国防建设作出的贡献给予高度评价。

目前，六厂生产的部分产品远销国外，呈供不应求之势。其生产的“宇宙牌”金属铍珠荣获北京国际博览会金奖，铍铜合金获国家银奖，工业氧化铍和铍铜母合金两种产品顺利打入国际市场。此外，还有工业氧化铍、高纯氧化铍、氧化铍陶瓷、无火花安全工具、铍铝合金、铍镍合金、锌合金及锆等 30 余种产品均接轨国际标准。

[1]《水口山铅锌志》编撰委员会：《水口山铅锌志》（内部资料），水口山矿务局二印刷厂 1986 年印，第 286-289 页。

四、全国科学大会奖
——水口山细菌冶金法和稀土中锰铁球的研制

细菌冶金是利用某些非毒性细菌及其代谢产物氧化溶浸矿石中有用金属的一种选冶新工艺。水口山铜矿是个铜铀共生矿床，在早期的重选尾矿和地表贫矿中含有一定量的铜和铀，不能用常规方法回收利用。1966 年，水口山矿务局与中国科学院微生物研究所合作，开展细菌冶金试验研究，包括细菌培养、渗滤浸出、铀的提取和铜的回收。1969 年扩大试验成功，1972 年 5 月建立细菌冶炼车间并投入生产，是国内最早的细菌冶金生产车间。

水口山细菌冶金法的基本原理是在尾矿或贫矿的渗滤过程中，用氧化铁硫杆菌循环浸出，铜和铀即同时溶于浸出液中。首先以离子交换法提取铀，并进一步处理得到重铀酸钠产品，然后用铁屑置换法回收铜，产出海绵铜。铜、铀的总回收率分别为 70%~75% 和 75%~80%。水口山矿的地表贫矿和重选尾矿共计 2.5 万吨，于 1979 年全部用细菌冶金法处理完毕。该项目属国内首创，获 1978 年全国科学大会奖。

稀土中锰球墨铸铁是我国 20 世纪 60 年代开始研制的一种新型耐磨材料，广泛用于制作磨球、衬板、砂泵等耐磨材料，而稀土中锰磨球是其中的典型产品。生产稀土中锰磨球的主要原材料为生铁、稀土镁合金、硅铁、锰铁等，国内资源丰富。水口山矿务局机修厂从 1967 年开始研制稀土中锰磨球，开发并生产了“胜钢牌”磨球。1976 年该磨球在株洲化工厂磷肥风扫磨中与麻口球、碳素锻钢球在同一条件下进行对比试验，其每吨矿粉耗球分别为 0.97 公斤、4.17 公斤、2.02 公斤。1980 年以后，又在湘乡水泥厂、江西水泥厂、凡口铅锌矿、柿竹园有色矿、香花岭锡矿等单位分别作了与锻钢球的对比试验，其球耗均低于锻钢球。

通过二十余年的发展，磨球生产逐渐从手工操作到机械化生产，建成金属膜连动生产线，并研制出水冷间歇转动圆盘浇铸机，1990 年新上 RF 415 无箱砂型挤压造型生产线，建立完整的检测手段。磨球生产机械化作业线和水冷间歇传动圆盘浇铸机的研制成功系国内首创，为磨球的批量生产创造了条件。产量由 1970 年的 329 吨发展到 1989 年的 1566 吨，产品销售到冶金、建材、化工等行业的几十个厂家。产品有 B30-100 的 9 种规格磨球和 4 种规格的磨段。生产工艺以金属型为主，砂型铸造为辅，材质牌号为 MQTMn6。实践证明，由水口山矿务局生产稀土中锰磨球比锻钢球使用寿命提高了 1~2 倍，受到用户好评。磨球被沈阳铸造研究所书面评定为“在国内同类产品中居领先地位”，先后获冶金部与有色金属总公司优质证书，劳动部优质产品证书和全国科学大会奖状。[1]

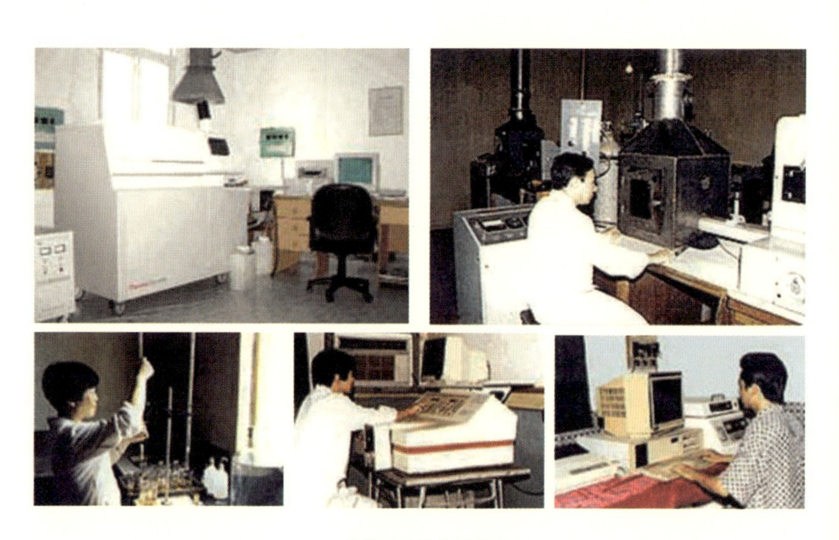

▲先进的化学分析设备

[1]《水口山铅锌志》编撰委员会:《水口山铅锌志》(内部资料),水口山矿务局二印刷厂 1986 年印，第 98、141-142 页。

五、中国现代火法炼锌先导
——水口山火力横罐炼锌

水口山矿务局在1951年以前出产的锌块含镉、铅等杂质很多，产品销路不好。1952年起，水口山开始设法提高质量，但锌块中含铅量降得很慢。后来第四冶炼厂的工人和技术人员经过多次研究，采用了焙烧锌砂时加食盐的氯化去铅法，并改进了焙烧炉的建筑，工人孙桂林等又创造了焙烧圆炉的"勤清快锉"等新的操作法，加强了焙烧时的氧化和氯化作用，终于炼出了"三个九"（含锌量99.9%）的锌块，打破了火力炼锌不能达到"三个九"的论断。[1]1953年以后，水口山矿务局第一、第四冶炼厂职工又继续改进了操作工具和操作方法。第一冶炼厂在建设焙烧炉时，又改进了炉子的结构，进一步加强了焙烧时的氧化作用，终于炼出了"四个九"（含锌量99.99%）的锌块，使锌块纯度创造了全国横罐炼锌的最高纪录，获得中央有色金属工业管理局的表扬。

该厂炼锌所采用的原料浮选锌精砂，含铅量通常在2%到4%之间，含镉量也高，影响锌块品质。技术人员为改进质量曾在烘砂时加入食盐，使铅成为氯化铅挥发；另加柴煤还原，使镉亦成为易于挥发的金属镉。这一办法对产品成本影响不大，但工人操作时十分复杂。经过许多次的研究和向外厂学习先进经验，该厂采用了勤清快锉和两段清炉的办法，减少因停车过久砂子结块的现象，并且增加矿砂氧化的机会。在生火时除坚持"薄煤薄渣"烧火法外，并推广水口山矿务局一厂的"小清炉法"，使炉温经常均衡。进料时，尽量使进砂均匀，砂层厚薄一致。在翻砂方面，除了勤清圆炉的结块，及时修换耙臂耙

[1]《水口山矿务局冶炼厂职工创造火力炼锌质量的世界新纪录》，《人民日报》1954年11月14日，第1版。

▲横罐蒸馏炉

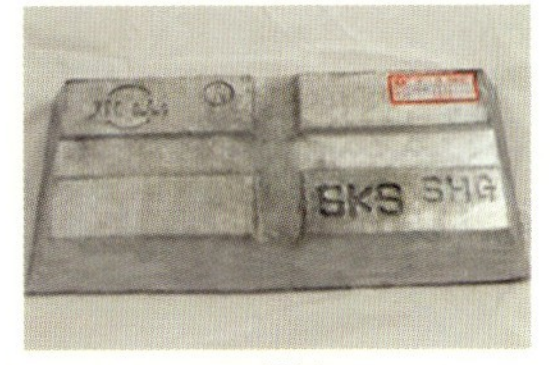

▲锌锭

齿，保持耙砂机的正常运转外，又改进了配料和人工翻砂的操作方法，使矿砂得到充分燃烧和氯化的机会。采取了一连串的新的操作方法以后，锌块成分已达到含锌量 99.925% 的新纪录，并进一步创造了 99.99% 的最高纪录，达到世界先进水平。[1]“四个九”的锌是国防工业、重工业和医疗、化学仪器工业需要的高级锌合金的重要原料。水口山火力横罐成功炼制优质锌，为我国各地的火力炼锌厂利用原有设备大量生产高级锌块提供了宝贵的经验。

[1]《湖南水口山矿务局第四厂创全国横罐炼锌新纪录》,《人民日报》1953年9月16日,第2版。

六、中国首个机械化有色金属矿井
——老鸦巢第一坑斜井

1896年以前，水口山仍沿用土法开采，实际上就是露天采矿，在平地上凿开宽深数十丈不等大口子，四周凿成斜坡，以便人员上下。随着开采的不断深入，过深的坑道导致矿石起运困难，而且窿内涌水过大，仅凭人力无法排干，采掘和运输成本逐年增高。当时，国内尚无制造矿山机电设备的厂家，又不具备引进此类设备的经济、技术条件。矿山总办廖植基报请湖南省矿务总局批准新坑，谋求开采矿床深部。1905年，由时任矿局设计师夏估卿设计建成老鸦巢第一坑斜井工程。该井筒斜长180米，垂深147米，井巷内安装有电灯，铺设铁轨，以蒸汽为动力设有提升机、抽水机等机械设备，成为中国首个用蒸汽作动力，使用卷扬机、钢轨等机械设备提升矿石的有色金属矿井。

▲第一坑斜井全景旧照

在矿井内，搬运、支柱、通风、排水、照明等部分按照现代采矿进行设置。例如：搬运部分，在坑口附近安设一架 50 马力起重机，坑内铺设双轨铁道，供台车运行。台车有两层，每层可装木质矿车 1 台，人员与材料入坑均由台车运送。矿车每次可运砂 1 车，重约半吨，每日可由窿内运出毛砂 200 吨。一坑斜井开拓甲、乙、丙三层，丙层以下为直井，安设 15 马力双绳起重机 1 架。各平巷设有 24 磅轻轨，采矿场采的砂装入车内用人力推至直井或斜井处再用起重机吊出。支柱部分，斜井与直井的四周均用大木作支架，中间设一寸厚的木板以防止崩塌。所用木材为大花木、小花木、大皮木（5 寸以上）、小皮木（5 寸以下）等数种。通风部分，采用天然通风法，新鲜空气由第二坑导入经过长风巷深入下部由一坑而出，局部间用风鼓以补充天然通风的不足。排水部分，由于一坑甲丙丁戊四层均有积水池，因此甲层设有 50 马力 5 寸双心抽水机 2 部，丙层设有 50 马力 5 寸双心抽水机 1 部、30 马力 5 寸单心抽水机 2 部，丁层设有 30 马力 5 寸单心抽水机 1 部、30 马力 4 寸双心抽水机 1 部，戊层设有 30 马力 5 寸单心抽水机 1 部。照明部分，窿内每隔一段距离均布置有电灯。

老鸦巢第一坑斜井建成后，水口山的生产被动局面大有改观，运输和抽水两道难题得到解决，矿石产量日增。一坑投产前，矿石年产量约为 1.84 万 ~2.05 万吨，1907 年投产后矿石年产量为 2.94 万吨，次年产量上升到 3.32 万吨，此后逐年有所增加。1914 年，在第一坑附近开拓第二坑竖井作为主风井，此后陆续开拓三坑和四坑暗井，形成一个竖井、盲井和斜井的联合开拓系统。井下工程每年都有扩充，生产规模逐渐完善。一坑投产之后，不仅矿石产量大大提高，更重要的是揭开了水口山深部丰富的铅锌矿床及其埋藏条件，为后来的地质工作者在研究铅锌矿的成因方面提供了第一手资料。[1]

▲第一坑斜井近景旧照

[1] 徐旭阳、陶吉友等编：《水口山科学技术志》，中南工业大学出版社 1992 年版，第 45-46 页。

七、中国第一座机械重力选矿厂
——水口山选矿厂

▲新洗砂台的淘洗箱

水口山铅锌矿开办初期，采用的是手工选矿，但铅、锌的产量及品位均不高。1909年，水口山建成了生产规模为每日200吨、能处理非手工所能选别的铅锌混杂矿选矿厂，这是我国第一座机械重力选矿厂。该厂有厂房6层，主要设备有颚式破碎机、对辊破碎机、圆筒回转筛、淘洗箱、威尔夫勒洗床等50台。全厂以蒸汽为动力，设锅炉3台，共120马力。厂内装有手动吊车、原矿及废石利用卷扬机运输。这也是当时远东设备最完善、规模最大、产量最多的铅锌选厂。

▲威尔夫勒洗床

重力选矿过程包括两段淘洗及其尾矿溜洗作业。当铅锌混杂粗矿砂由矿井运出以后，通过2段破碎，筛分出5个级别后进入淘洗作业。洗砂用水来自于一坑窿内，由蒸汽抽水机吸出后导入厂前的大水池，如遇冬季窿水不足时则以螺丝电泵吸水加以补充。水入大池后，分别使用5寸螺丝抽水机2部、6寸螺丝抽水机1部吸水，专供洗砂层的三四层洗桶所用。设有5寸双桶提泵1部，专供一层洗床用水；另有5寸双心抽水机4部，4寸双心抽水机1部，供五层水池用水。此外，为了弥补螺形抽水机的功能不足，还在第四层设有 3 寸螺形抽水机 1 部，以增大圆筛水量的压力。所有抽水机、升降机的蒸汽动力均来源于蒸汽锅炉房的 3 座由国外进口而来的 100 马力双胆卧式锅炉和 1 座 25 马力的火管卧式锅炉。

在第一段淘洗作业中，最粗一级的淘洗产物仅有中矿及废石 2 种，其余各级别的淘洗产物分别有铅精矿、锌精矿、中矿和尾矿 4 种。中矿用对辊机再次破碎，然后筛分成4个级别，继而进入第二段淘洗作业，使之分选为铅精矿、锌精矿、磺铁矿、中矿和尾矿等 5 种产品。第二段淘洗后的中矿又返回原作业循环淘洗。各种精矿产品分别运至各自的堆栈储存，淘洗的尾矿均由河沟导入沉淀槽，经浓缩之后再用威尔夫勒洗床进行淘洗，得铅精矿和最终尾矿。[1]

水口山选矿厂建成以后，铅精砂的产量和质量都有提高。1925 年至 1930 年的 6 年间，水口山最高年产量为 9265 吨，锌精砂为 30263 吨。当时，“无论设备之完整、规模之宏大、产量之丰富，均甲于远东，驰名中外”[2]，可惜于 1944 年被入侵日军破坏殆尽。

[1]《水口山铅锌志》编撰委员会:《水口山铅锌志》(内部资料)，水口山矿务局二印刷厂 1986 年印，第 195 页。

[2]《水口山铅锌志》编撰委员会:《水口山铅锌志》(内部资料)，水口山矿务局二印刷厂 1986 年印，第 195 页。

八、中国第一代炼铅工艺的重要设备
——烧结锅

“烧结锅”是第一代炼铅工艺烧结——鼓风炉的重要设备，烧结是将粉状含硫铅物料高温燃烧，氧化脱硫粘结成块，形成烧结块，再入鼓风炉熔炼产出粗铅。水口山建矿初期采用反射炉烘焙铅砂，脱硫效率很低。1919 年改用向上鼓风的铸铁烧结锅进行烧结烘焙。采用两次烘烧工艺。在第一次烘烧中将硫脱除到烧结产物含硫 8%~10%，称为半熟砂，将其破碎后进行第二次烘烧，得到含硫 1%~2% 的烧结块，亦称熟砂。每段焙烧时间约 8 小时。[1]

▲烧结锅示意图

[1] 徐旭阳、陶吉友等编:《水口山科学技术志》，中南工业大学出版社 1992 年版，第 73 页。

1957 年，随着水口山“薄层多次装料法”的创造，使焙烧的时间缩减至 4 小时。1968 年实现了烧结块用行车吊运和烧结块破碎机械化，进一步把时间从 4 小时缩短为 3 小时。烧锅时锅底的引火材料也从投产时使用木炭、茅柴，改成稻草、谷壳。

进入 20 世纪 80 年代后期，烧结锅开始采用皮带运输机运料、手工加料的间断操作法。每锅操作顺序是：先在锅底铺上一层稻草，稻草上撒一层谷壳，其上再铺一层稻草，点火使稻草全部燃烧后加入两批配有焦粉或柴煤的混合炉料（即底料），待底料见火后加入第三批炉料，以后再按“看火下料”的原则陆续加入第四至第八批料，加入风量也由小到大。烧结锅的出料倒锅方式为人工撬锅。此后由老煅工李支友建议、设计并成功实施电机带动云顶、滑道导向式机械倒锅方式，结束了几十年来的人工倒锅操作。该操作方法进一步降低了劳动强度，改善了劳动条件和操作环境。此法先后推广到河南、云南等全国各地的铅冶炼厂。到 2006 年，水口山已改造升级第三代“炼铅法”，而停止了烧结焙烧鼓风炉炼铅工艺的生产。

九、闻名中外的矿山运输线路——水松窄轨铁路

水松窄轨铁路自水口山矿场起，至湘江东岸的松柏镇止，全长 5.8 公里。水口山矿官办之初，运输只有乡道可通，所有矿砂转运均靠人力肩挑手推至松柏，“人力每吨需运费洋一元”[1]，再从水道用帆船运输，经长沙转运汉口。1910 年，湖南省矿务总局为了增加矿砂生产，扩大矿砂销路，决定自筹资金在沿水松之间傍山的狭长地带购地约 600 亩，设计水口山至松柏铁路，解决运输难的问题。1912 年 3 月，水松线测绘完毕，12 月建成通车。

该线位于丘陵地区，起伏较大。路基顶面宽 5 米，填挖土高度 1 米左右，路堤较多，路堑较少。线路上部铺设的钢轨，每米重 12 公斤，轨距为 600 毫米。钢轨接头采用错接法连接。钢轨下面铺设的轨枕为湘南产的杉木枕，每公里线路铺 2000 根。道床为碎石道床，其厚度为枕下 100 毫米。铁路沿途筑有大小桥梁 3 座，其中一座为钢架桥，长 17.5 米，另外两座为木便桥，长度均为 6 米。桥梁墩台基础为混凝土，墩身为耐火砖。该线建成后由水口山铅锌矿经营，置有 30 马力的蒸汽机 3 台，每次可拖矿车 14 辆，每辆矿车载重 1.5 吨，每日行车约 10~14 次，其运输费用相当于人力运输的一半。列车运行速度为每小时 10 公里。机车重 7 吨。行车方式采用电话办理，区间闭塞，夜间调车用手电筒代替信号灯。[2]日军侵犯水口山期间，水松铁路大部分被破坏。

[1] 欧阳超远、刘季辰、田奇镌:《湖南水口山铅锌矿报告》，湖南地质调查所 1927 年印，第 32 页。
[2] 张雨才:《中国铁道建设史略（1876—1949）》，中国铁道出版社 1997 年版，第 306 页。

▲水松窄轨铁路

1950年5月，水口山开始着手修复水松线，通过两年的努力，全线恢复通车。此后，又增建松柏车站到三厂和四厂的两条运输线路，总长2公里，使铅、锌精矿可直接由矿山运进厂内，硫精矿运至松柏车站下河转用船运。1958年，水松铁路实行技术改造。路轨改铺24公斤/米的钢轨。轨距扩大为762毫米，改用120马力内燃机车4台，每台可拖18辆矿车。1976年添购120马力内燃机车2台。每辆矿车可载重3吨，使运输能力提高1.5倍。1989年，因京广铁路线瓦园货场与瓦松公路建成投入使用，为避免中途转运，水松窄轨铁路被拆除。[1]

[1]《水口山铅锌志》编撰委员会:《水口山铅锌志》(内部资料)，水口山矿务局二印刷厂1986年印，第64页。

十、水口山的各类产品

民国时期，水口山矿的主要矿产品有方铅矿、方解石、铅锌矿、闪锌矿、层解石、绿解石、硫铁矿、孔雀石等，通过提炼生产出来的成品有铅砂、铅锌、磺砂、锌块、硫磺等。

▲各类矿石

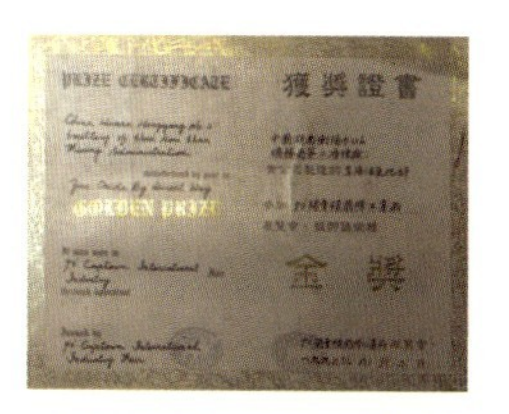

▲氧化锌获 1993 年开普敦国际工业品展览会金奖

中华人民共和国成立后，水口山主要生产电铅、电铜、氧化锌、铜合金、金、银、砷、稀有金属、稀贵金属等。许多产品除供国内需要外，部分还远销海外。其中，“水口山”牌（“SKS”）铅锭、银锭、电锌先后在伦敦金属交易所注册，成为国际市场上免检产品；“水口山”牌电铅、电锌、白银在上海期货交易所成功注册；公司整体通过 ISO 9002 质量体系认证。水口山牌系列产品畅销全国各地并自营出口 30 多个国家和地区。“水口山”牌锌锭经国家质量奖审定委员会评定为国家银质产品。在 1991 年北京第二届国际博览会上，“飞轮”牌氧化锌、“宇宙”牌金属铍珠、“水口山”牌精锌获金奖。目前，“飞轮”牌氧化锌、金属砷、“水神”牌 As_2O_3（Ⅰ基容、Ⅱ、Ⅲ）、砷铜合金、铅砷合金等均被列为国际免检产品。今天水口山已经开发了铅系列、锌系列、铜系列、铍系列、砷系列、贵金属系列、新材料系列、其他产品等 8 大类 16 种产品。

水口山生产的银锭

水口山生产的金锭

铅锭

铜铍中间合金锭

砷

镉锭

铋

扣式电池锌粉

▲各类产品

表 3-1　部分产品简介表

序号	产品名称	规格	用途
1	工业氧化铍	本品呈白色或浅黄色	供作铍铜合金的原料
2	高纯氧化铍	本品系一种白色粉末物质	用于电子工业导热绝缘材料，特种冶金作耐火材料以及航天涂料层材料，萤火、激光、金属焊接等方面，还用于陶瓷工业
3	核纯氧化铍		主要用于原子能工业
4	金属铍	Be-02	用作铍制品的原料
5	铍铜合金	Becu-1、Becu-2	广泛用于航空、电子、电气、电机、自动化、火箭、燃料、轻工业等各工业部门
6	铍铝合金		供制造合金用
7	铍铜无火花安全工具	规格齐全满足需求	用作防爆抗磁安全工具
8	氧化铍陶瓷制品		用于核反应堆炉内壁和高频超高频大功率半导体的基体，电子管、行波管、电子管线路中的衰减器等，还可作波导激光器的腔体，航天技术和某些测量仪器等
9	金属砷	1 级、高纯	用于制作铅和铜的合金，以增强抗腐蚀，另外其化合物在农业、工业和医药等方面也有一定的用途
10	砷铜合金	1-2 级、其他	供制造含砷黄铜管，用于电力、铁道、航海等工业部门用
11	高纯铟		用作原子反应堆的指示器
12	铅砷合金	规格齐全	用于制造蓄电池
13	电镉	0-3 号	供制造合金蓄电池、电镀和化学工业等部门使用
14	金属铊	1-3 级	用于制造化学药剂、制造合金和仪器、半导体工业和遥感技术领域
15	间接氧化锌	1 级	用作橡胶、涂料、医药、油墨、造纸、搪瓷、化工等工业原料
16	直接法氧化锌	1-3 级	用于塑料、橡胶、玻璃、搪瓷、火柴、陶瓷、石油化工、磁性材料、化肥、电器、医药等部门
17	电铅	1·	供蓄电池、电缆、油漆、压延品、合金、军工业化学等工业用
18	锌锭		供合金、压延、镀锌油漆、医药、化学、电器等工业部门用
19	锌基合金		适用于压铸各种零件
20	铅钙合金		供蓄电池行业使用
21	工业硫酸		用于石油、化工、冶金、医药、轻纺和军工等工业部门
22	硫铁矿		用于制造硫酸及农业磷肥等
23	电铜		供熔铸钢线材、铜棒、铜锭和铸造合金使用

资料来源：徐旭阳、陶吉友等编《水口山科学技术志》，中南工业大学出版社 1992 年版，第 267-273 页。

如今的水口山，已经成为衡阳八大千亿级产业集群之一，在技术创新发展的同时，深入贯彻习近平生态文明思想，“既要金山银山，更要绿水青山”，推进湘江保护与治理“一号重点工程”，更加注重绿色环保发展。水口山以绿色发展为引领，以技术改造推动产业转型升级，实现了经济效益与环保效益双赢。

2005 年 8 月 26 日，投资 4 亿元、采用“水口山炼铅法”建成的铅烟气治理工程顺利竣工并一次性投产成功。2016 年 5 月，采用“水口山炼铜法”建成的金铜项目竣工投产。一期年产阴极铜 10 万吨、黄金 2.4 吨、白银 200 吨，处理铜物料 50 多万吨，新增营业收入 60 亿元，利税近 5 亿元，为衡阳市经济向高质量发展注入新的强劲动力。2018 年 12 月，五矿铜铅锌产业基地 30 万吨锌项目 2 号焙烧炉开始投料，作为铜铅锌产业基地项目先进的冶炼技术和环保工艺，将改善水口山的环境，并带动整个园区的工业升级和环保升级。该项目是国内铅锌产业转型升级的重点项目，将采用很多国内甚至世界领先的先进工艺，相比传统工艺将大幅减少冶炼过程中产生的污染，比如采用世界最大的 152 平方米沸腾焙烧炉、世界最大的单系列 30 万吨浸出和 OTC 溶液深度净化系统、行业最大的富氧挥发回转窑等大型设施，使用领先行业的铟直萃技术、塑烧板多级除尘工艺，智能制造技术、重金属工业废水治理零排放技术等，对生产过程中产出的各种废渣、废水、废气严格依法依规进行处理。[1]

---

[1]《“国内第一、世界一流”绿色冶炼产业示范基地扬帆起航中国五矿铜铅锌产业基地投产》，《中国有色金属报》2018 年 12 月 29 日版第 4202 期，第 1 版。

第四章　水口山的革命足迹

▲水口山工人运动陈列馆中“中国工人运动的先驱”的标语

水口山是一片红色热土，有着最为厚重的红色记忆，每一处革命遗迹都书写着一段光辉的岁月，每一个革命往事都诉说着敢于反抗压迫的红色传奇。这里培养出了一大批为民族独立、国家富强、人民幸福而甘愿牺牲自我的共产党人，包括毛泽东、耿飚、毛泽覃、蒋先云、宋乔生、谢怀德、黄静源、刘东轩等在内的革命先辈都曾经在水口山战斗过。在中国共产党领导下，水口山工人运动蓬勃发展，为中国革命走向胜利作出了重要贡献。闻名中外的水口山工人大罢工，是中国共产党在建党初期所领导的一次取得完全胜利的工人斗争，引领着一大批湘籍热血青年加入中国共产党，走向革命的道路。缅怀水口山革命先烈，回顾他们不畏强暴、不怕牺牲、英勇斗争的事迹，有益于继承和发扬革命的精神，激励后人在中国共产党的领导下，高举习近平新时代中国特色社会主义思想伟大旗帜，不忘初心，牢记使命，为实现中华民族的伟大复兴谱写更加辉煌的篇章。

一、毛泽东——关心和指导水口山工人运动

中共衡阳地方组织是在毛泽东的直接指导和帮助下建立起来的，它为水口山工人运动的兴起奠定了思想基础和组织基础；水口山工人罢工运动的最终胜利也是在毛泽东的直接关心和正确指导下取得的。

（一）指导衡阳建党工作，为工人运动的开展奠定组织基础

五四运动爆发以后，湖南的学生积极响应，马克思主义在衡阳学界和进步知识青年中得到广泛传播，并日益与衡阳逐步兴起的工农运动相结合。受学生运动的影响，各界联合会等组织也相继成立，发动了声势浩大的驱逐军阀张敬尧的斗争。当时，何叔衡亲临衡阳，率驱张请愿代表团驻衡阳长达半年多时间。

▲驻衡驱张请愿代表团合影

工农运动与马克思主义的结合，实际上就是中共衡阳早期地方组织从酝酿、筹备到正式建立的过程。在这个过程中，毛泽东首先把目光投向了处于湘南政治、经济、文化中心地位的衡阳，决定在衡阳建立起湖南早期地方党的组织，发展革命力量，并以此领导和推动整个湘南地区的革命斗争，与粤、赣、桂、滇等省区的革命斗争相呼应。

毛泽东早年在长沙创办文化书社时，与“衡阳新书报贩卖部”和“衡阳文化书社”关系密切，往来甚多。当时衡阳许多进步知识青年在思想认识上早就受到毛泽东的诸多影响，尤其是湖南省立第三师范学校的学生（简称湖南三师）。该校位于衡阳，其前身是湖南官立南路师范学堂，始建于1904年，学生都是从湘南各县优中选优考选出来的。学生家境大都比较贫寒。湖南三师学生贺恕、黄静源为更多地在衡阳发行进步新书、报刊，经常到长沙的文化书社选购，开始与毛泽东有了频繁的接触。此后，唐鉴、彭彰达等三师学生在长沙加入了中国共产主义青年团，向毛泽东介绍了衡阳开展革命运动的情况，引起毛泽东对衡阳的极大关注。

▲夏明翰

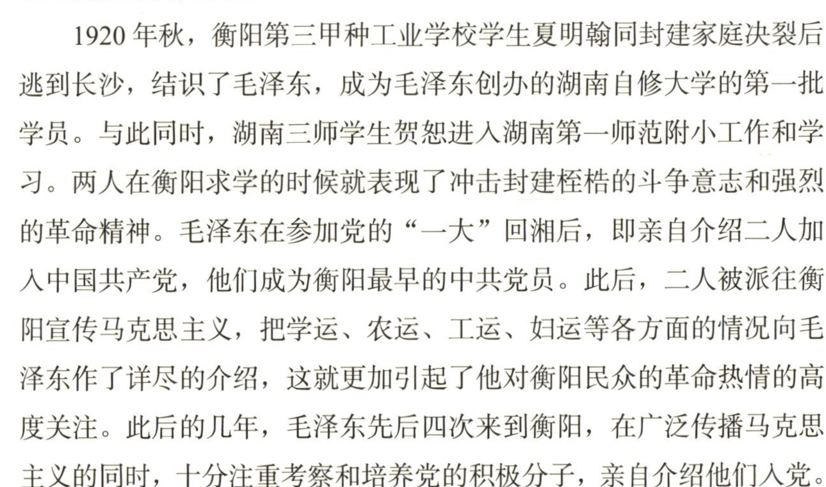

1920年秋，衡阳第三甲种工业学校学生夏明翰同封建家庭决裂后逃到长沙，结识了毛泽东，成为毛泽东创办的湖南自修大学的第一批学员。与此同时，湖南三师学生贺恕进入湖南第一师范附小工作和学习。两人在衡阳求学的时候就表现了冲击封建桎梏的斗争意志和强烈的革命精神。毛泽东在参加党的“一大”回湘后，即亲自介绍二人加入中国共产党，他们成为衡阳最早的中共党员。此后，二人被派往衡阳宣传马克思主义，把学运、农运、工运、妇运等各方面的情况向毛泽东作了详尽的介绍，这就更加引起了他对衡阳民众的革命热情的高度关注。此后的几年，毛泽东先后四次来到衡阳，在广泛传播马克思主义的同时，十分注重考察和培养党的积极分子，亲自介绍他们入党。

1921年10月，毛泽东在夏明翰的陪同下，乘船溯湘江而上，到达衡阳，下榻于湘南学联所在地浮桥公所。第二天，听取了衡阳“心社”蒋先云、刘通著等负责人的汇报。当毛泽东知道“心社”的宗旨是谋求社会的革命和改造，30多个骨干成员又大多是湖南三师的青年进步师生时，他十分高兴，当下就作出在湖南三师发展第一批党员和建立党小组的决定。

随后的几天时间里，毛泽东到湖南三师作了演讲，到学校、店铺、

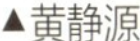
▲黄静源

▲湖南省立第三师范学校

工矿、码头进行了调查研究，并着意对“心社”的一些骨干成员进行悉心的考察。在对“心社”的骨干成员逐个进行分析后，毛泽东决定发展“心社”成员中对马克思主义有着坚定信仰的蒋先云、黄静源、唐朝英、蒋啸青等四人为中国共产党党员。当入党宣誓仪式结束后，在毛泽东的主持下，中共衡阳早期地方党组织的第一个党小组——中共湖南省立第三师范学校党小组宣告成立。第一任党小组长由黄静源担任。省立湖南第三师范党小组的建立，犹如一粒火种撒在衡阳的土地上，革命之火很快在湘南地区熊熊燃烧起来。

中共湖南三师党小组自建立以后，以极大的热情积极从事衡阳及湘南地区的建党建团工作，考察发现先进青年，秘密培养革命骨干，发展中共党员，为早日建立中共衡阳地方党支部作准备工作。

1922 年 4 月，毛泽东第二次来到衡阳，检查指导建党建团建工作。此时，衡阳的党员已经发展到 12 人，占当时全省中共党员人数的 1/3。毛泽东认为衡阳无论是从中共党员人数，还是革命形势、环境条件、思想基础等方面来看，建立党支部的条件和时机都已经成熟。经过几个月的精心筹备，1922 年 10 月，在湖南三师的一间教室里，10 多个中共党员聚集在鲜红的党旗下，举行了一个简单而又庄重的仪式，衡阳第一个中共党支部，也是湘南地区第一个中共党支部——中共湖南省第三师范学校党支部宣告诞生。衡阳第一个党小组和党支部的创建，既是衡阳地区成立最早的中共地方组织，更成为中国共产党在大革命时期及其以后革命斗争中向湘南其他地方产生极大辐射作用和带头作用的大本营，为后来水口山工人运动的兴起打下了坚实的思想基础和组织基础。

（二）指导成立水口山党支部，领导开展工人运动

一直以来，研究水口山工人运动者众多，却很少有人注意到毛泽东对水口山工人运动的影响。其实，从 1922 年震惊中外的安源路矿大罢工开始，到 1928 年水口山工农武装再到井冈山，毛泽东一直关注着水口山。可以说，没有毛泽东的关心与支持，就没有水口山工人运动的蓬勃发展。

由于开办历史悠久，水口山矿聚集了大量的矿业工人，是衡阳境内工人阶级最为集中的地方。20 世纪初，水口山铅锌矿已成为衡阳境内最大的省立官办工业企业，集中着 3000 多名深受压迫剥削的产业工人。毛泽东第一次来衡阳指导建立三师党小组时，就明确提出要到水口山矿的工人中去发展党员、团员，建立党团组织。按照他的指示，衡阳地方党组织很快就派人到水口山矿做宣传发动工作。首先在工人中开办政治夜校，传播马克思主义，提高工人的觉悟。经过宣传与鼓动，水口山矿的工人们掌握了诸如工人、资本家、无产阶级、资产阶级、剥削与被剥削、生产、劳动、价值和利润、工人革命和无产阶级专政等马克思主义理论的基本知识，加速了革命意识的觉醒。1921 年冬至翌年 4 月，有 70 多名工人被吸收入团，成立了水口山矿社会主义青年团。

▲毛泽东亲临水口山点燃了革命烈火

▲水口山工人夜校为工人准备的读本和教科书

1922 年 1 月至 4 月间，湖南三师党小组按毛泽东的指示先后指派蒋先云、唐朝英、韦汉、黄静源、刘泰、陈芬等党员到水口山进行革命宣传，在工人中开办工人识字班和工人夜校，传播马克思主义。此后，已在安源从事工人运动的蒋先云、谢怀德应水口山工人的要求，由中共湘区委员会派往水口山领导工人运动，发展党的组织，建立了中共常宁水口山党小组，党小组长由蒋先云担任。1923 年 5 月，中共常宁水口山支部在矿区工人俱乐部正式成立，书记由蒋先云同志担任。中共常宁水口山党支部在毛泽东的直接指导下，在着力发展党员和建立党的组织的同时，把主要精力深入工人中间，积极发动与组织工人运动。

（三）亲临水口山，为水口山工人运动指明正确方向

1922 年 4 月底，毛泽东在夏曦、彭平之的陪同下，以教书先生的身份来到水口山。他首先召集部分团员和工人积极分子开会，说明此行目的，给每个人都分派了秘密调查水口山工人生产生活情况、资本家压迫剥削工人情况等任务。会上，毛泽东充分肯定了水口山地方团组织做的大量工作，号召全体团员团结起来，做好工人的工作，为建立水口山党组织，迎接革命高潮的到来做好准备。

▲毛泽东居住过的康汉柳饭店

水口山工人运动期间，毛泽东等人居住在康汉柳饭店，据老板后人康家利回忆说:“我的太爷爷当时也是矿区工人，与组织工人运动的刘东轩很熟，我爷爷经营的连心饭店（后改为康汉柳饭店）当时处于经济文化中心，距离康家戏台仅几步之遥，太爷爷又掌管康家祠堂，综合因素下，当时秘密组织工人运动的领导包括毛泽东、蒋先云、谢怀德等都住在我爷爷开的饭店。白天他们就在这里写标语发动群众，我爷爷奶奶替他们站岗放哨，一有情况，他们就从这个窗户沿着绳索爬下去，跑到康家祠堂躲起来。”

毛泽东的亲临考察为水口山工人运动的开展指明了正确道路，对工人罢工运动的最终胜利产生了深远的影响，尤其是对耿飚走向革命道路有着直接的影响。回到衡阳，毛泽东在三师召开党团员骨干会议，再次指出湘南学联应担负起对水口山的宣传工作，不能放松深入各界宣传，衡阳党组织应以水口山为重点，深入工人中去做宣传。要发动群众，组织群众，发现优秀分子，抓紧培养，可让他们先入团，为建立党组织打好基础。1922年11月中旬，毛泽东在长沙清水塘接见了蒋先云、谢怀德、刘东轩等人，听取他们的汇报，并就如何开展水口山的工人运动作出具体指示，还修改了水口山工人大罢工宣言。

1922年12月5日，水口山工人运动爆发。为保证工人罢工不受损失，毛泽东于11日至13日，率湖南省工团联合会所属11个工团代表22人，与当局就工界的集会、结社及政府对工人的态度、人力车工会等10个问题作直接交涉。巧用赵恒惕的《湖南省宪法》的相关条文驳斥了其政府对工人运动的诬陷，捍卫了工人的利益，迫使赵恒惕及其军阀政府不得不承认工人有言论、出版、集会、结社的自由，宣称“政府对工人全采保护主义”。这就从一定意义上确立了水口山工人罢工的合法性。

1923年“二七惨案”发生后，全国工人运动进入低潮。毛泽东决定派唐际盛、贺恕、朱舜华、毛泽覃四人来水口山加强领导。临行前，毛泽东反复嘱咐他们把当前的革命形势和赵恒惕对工人的态度传达给水口山党组织，要注意工作方法，调动工人的积极性，发展壮大党的组织，加强革命队内部的团结，做好“弯弓待发”之势，准备应对即将到来的严峻形势。由于毛泽东的远见，水口山党小组和工人俱乐部进一步明确了斗争方向，及时调

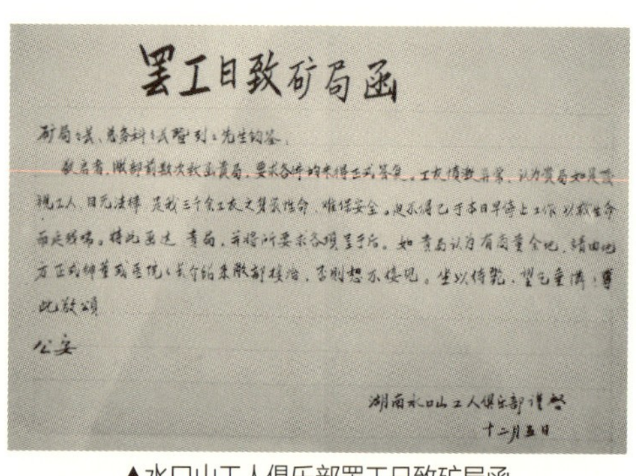

罢工日致矿局函

[illegible]

公安

湖南水口山工人俱乐部[illegible]

十二月五日

▲水口山工人俱乐部罢工日致矿局函

▲毛泽建与毛泽覃在水口山合影

整了工作方针，认真抓好党组织建设，把团结战斗作为重中之重来抓。当全国工人运动处于低潮时，水口山的工人运动旗帜高高飘扬着。

井冈山革命根据地建立后，毛泽东对水口山工人武装十分重视，而且特别信任，将独立第三团编入红四军军部特务营，将红四军军部安危交给了水口山的工人武装，随后成立了红四军军械所，军械所的人员基本上是水口山机械科出身的工人。在职务安排上，独立第三团团长宋乔生被任命为红四军军部特务营长兼任红四军第三十团党代表，军械所成立后兼任所长。1928 年 11 月，宋乔生被选为湘赣边区前敌委员会常委，成为边区党的主要负责人之一。常宁籍水口山工人杨发秀被任命为特务营连长。

共和国开国上将萧克在他的回忆录中谈及起义上井冈山时对水口山工人武装有过描述："记得在沔渡，我们会合了一支特殊的部队——水口山工人起义武装。水口山是衡阳西面的一个矿区，我在补充第五团时听说我们的团长、著名共产党人蒋先云去黄埔军校前，曾在水口山矿区做工人运动，并当工人俱乐部主任，因此对水口山这个名字颇感亲切。这支工人武装约有 300 人，百十条枪，是清一色的产业工人成分。他们从水口山走到湘南，与朱德、陈毅领导的部队会合后，命名为第一师特务连，又走到湘赣边。他们经过长途跋涉，依然精神抖擞，威武严整，令我们这些农民军啧啧赞叹。"[1]

[1] 萧克：《萧克回忆录》，解放军出版社 1997 年版，第 93 页。

▲800 工农上井冈山

原国防部长耿飚在他的回忆录里写道:“毛泽东同志善于在革命力量弱小和革命艰难的时刻，拨开迷雾看到光明的前途，并为我们指出通向胜利的道路。记得我在湖南水口山矿当童工的时候，毛委员几次派遣中共党员和进步学生来水口山发动和组织工人群众。我就是在他们的教育下提高了阶级觉悟，于 1925 年参加了中国共产主义青年团。1926 年 10 月，毛委员又派何叔衡同志到水口山传达关于大力开展农民运动的指示，指示以水口山为中枢，实行工农大联合，建立工农武装，开展武装斗争……遵照这个指示，水口山党组织一方面着手建立工人武装，一方面举办工人培训班，培养出大批农运骨干，到附近农村去宣传革命真理，传播革命火种。我也被派往我的家乡醴陵县去开展农运。后来，水口山工人赤卫队在宋乔生同志带领下上了井冈山，在毛委员和朱德同志直接指挥下进行战斗。不久，我也带领一支农民游击队参加了红军。”[1] 水口山工人武装上井冈山的历史，被载入《毛泽东选集》第一卷。

[1] 转引自夏远生:《传奇耿飚》,《新湘评论》, 2019 年第 16 期。

二、耿飚——水口山的十年寻“宝”路

耿飚（1909—2000），湖南醴陵人。历任红一军九师参谋、红一师参谋长、红四方面军第四军参谋长、十九兵团副司令员兼参谋长等职务。新中国成立后，耿飚先后担任过驻瑞典、芬兰、缅甸等国大使，外交部副部长，中央对外联络部部长。1978 年起任国务院副总理，中央军委常务委员、秘书长，国防部部长、国务委员，十一届中央政治局委员，第六届全国人大常委会副委员长，后当选为中顾委常务委员。

耿飚回忆说：从七岁到十七岁，也就是从 1916 年到 1926 年，这一段时间他都是在水口山度过的。“水口山的十年，是我参加革命的起点”；“使我找到了翻身求解放的唯一法宝——马克思主义”；“正是在蒋先云、宋乔生、毛泽覃等同志的引导下，走上了一条通往宝山的正确道路——武装斗争的革命道路”。[1] 水口山，成为耿飚一生中最难忘怀的“宝山”。这十年，正是中国人民反帝反封建斗争风起云涌、中国共产党从无到有、无产阶级解放事业蓬勃发展的十年。这十年，同时也是耿飚革命生涯中，从一名曾跟在“乔生舅舅”后面的孩子，走向了与敌斗争的革命前台，成为一名坚定勇敢的革命者。耿飚在水口山期间，留下了许多脍炙人口的故事。

（一）出身贫寒的穷苦娃，7 岁当童工南下水口山

耿飚出生在湖南醴陵一户贫苦农民家庭，从小读过私塾，背过诗文。1916 年 2 月，为逃避天灾兵祸，7 岁的耿飚随父母背井离乡，举家逃荒到常宁水口山铅锌矿“半边街”，寄住在堂舅宋乔生家。

[1] 耿飚：《耿飚回忆录》，解放军出版社 1991 年版，第 66-67 页。

▲遵义丙安镇耿飚将军纪念馆中关于水口山的图文介绍

虽说这是一次逃荒，可是耿飚的心情却是愉悦的，他怀揣着一个美梦，因为听人说，水口山的山山水水都是宝，被誉为“宝山”。可是当现实的大门对他敞开时，那单纯童稚的梦想便被无情地击碎。在当时，矿工们尽管日出而作，日落而息，仍过着食不果腹的悲惨生活。矿工的悲惨生活，刺痛着他幼小的心灵。

迫于生计，时年 13 岁的耿飚进水口山铅锌矿当敲砂童工，此时他已从一个旁观者变成被剥削的当局者，受尽资本家的残酷剥削和压迫，刺痛更加钻心。在水口山党组织的教育和引导下，他开始接触马克思主义，逐渐成长为革命队伍的通信员，参与了震惊中外的水口山矿大罢工，主导并取得了“一二·二一童工大捷”，从东阳渡巧计接运枪支弹药回水口山。18 岁的他走出水口山，投身全国革命的浪潮，建功立业，成为著名的无产阶级革命家、军事家和外交家。

（二）担当通信联络员，汇入水口山工人运动洪流

1922 年 9 月，安源路矿工人大罢工取得全面胜利的消息传到水口山后，工人们深受鼓舞，热血沸腾。中共湘区委员会派专人到水口山加强对工人运动的领导，并在水口山的康家戏台设立了“湖南省水口山工人俱乐部筹备处”，短短两天便有 3000 多矿工加入工人俱乐部。

▲康家戏台旧照

11 月 27 日，水口山工人俱乐部正式成立，随即组织党员开会，传播马列主义，策划工人罢工。

由于“人小、腿快、不引人注目”，加上机灵聪明，耿飚当起了站岗放哨的通信员。他经常到矿局玩耍，探听信息，打听秘密后及时报告工人俱乐部。

罢工爆发前夕，耿飚等人到衡阳把罢工时宣传用的油印机、文具纸张等秘密运送到水口山，并深入矿工宣传动员和“发信”。12 月 19 日，反动矿局设下“鸿门宴”，蒋先云、刘东轩“双雄赴会”。耿飚被安排到矿局探听信息并传递出来。罢工期间，耿飚拿着传单，到大渔湾、松柏等地发放传单，争取工农群众的支援，使水口山工人的罢工斗争声威大涨。罢工胜利后，耿飚成了一名机械工人，被分配到洗砂台工作。洗砂台是地下党团组织召集会议、开展活动的好场所，在这里秘密开会，不用派眼线“放哨”。每逢开会，耿飚总是守在入口处，一边洗砂，一边警惕地注意外面的一举一动。此后，矿上斗争形势恶化，洗砂台会议更加多了起来。通知开会、会后送口信等事，耿飚争着干，并能很好地完成任务，成了一名出色的通信联络员。

（三）机智斗争，取得“一二·二一水口山童工大捷”

当时轰动全国的“一二·二一水口山童工大捷”，领头的正是少年时期的耿飚。1922 年，耿飚成为了一名敲砂的童工。当时水口山敲砂场有上千名童工，水洗砂之前就要选好砂。但这是个重活，要用很重的铁锤去敲，敲时还要用一声“哇”来助力，这项工作就由上千名的童工来完成。在敲砂场上，上千名童工的哇声，此起彼伏的，像田野里的青蛙（本地土话又称“麻拐”）叫，也就有了“敲砂麻拐”的绰号。水口山工人大罢工运动期间，反动矿局为了摆脱所谓的“困境”，指示选矿科长潘振纲，想尽办法要童工先开工，甚至对童工采用强迫的手段。

耿飚等敲砂童工由于不肯开工，被一顿乱打。耿飚与刘亚球等前去与矿局方理论。潘振纲恼羞成怒，拔出枪来威胁童工，武装矿警也过来助阵。潘振纲以为震住了童工们，气焰嚣张地喊:“耿飚、刘亚球，你们给我先干，老子认砂不认人……”他话还没说完，耿飚已如火山爆发，积聚全身力量，喊出了第一声:“哇……”几百个敲砂童工共同进退，霎时间敲砂场“哇”声齐鸣，连同挥舞的几百只小拳头，吓得潘振纲和矿警连连后退。此时，工人纠察委员会委员宋乔生带领的工人纠察队闻讯赶来，矿警抱头鼠窜，潘振纲被踢倒在地。这就是著名的“一二·二一童工大捷”，被载入水口山铅锌矿工运史。事后，中国劳动组合书记部通电赞扬:“罢工十余日，俱乐部日夜训练，即幼童亦变为强夫矣！”作为“童工大捷”的主导者，耿飚在水口山多了个称呼——“少年英雄”。

▲工人居住的茅草棚

（四）浑身是胆，智勇双全当好“接头人”

1926 年，耿飚在被派往醴陵开展农运工作的前夕，水口山党总支召开秘密会议，提出“工人要掌握武器，建立自己的武装”的号召，并决定派人到衡阳东阳渡秘密接运枪支弹药，供水口山工人武装使用。因为耿飚人小，不太引人注意、没有人知道他是团员骨干，加上他长期为党组织站岗放哨有经验，练过武功，安全系数大，组织决定由他到东阳渡去接头。耿飚欣然接受任务，运用“兵不厌诈”的计谋，全家搬出水口山，返回故乡醴陵。

在乘船返乡途中，特务一路跟踪，但看到耿飚没有任何动静和异常情况后，便掉头返航。甩掉尾巴后，当天夜里，耿飚日夜兼程向南赶了百多里路，折回东阳渡。在东阳渡兵工厂门前，他化装成叫花子，机智地与接头人成功接头。第二天晚上，采用“调虎离山”计，耿飚背着个破背篓，在兵工厂土地庙走动，故意发出声响，引起敌人哨兵注意。在附近巡逻的几个敌人哨兵纷纷向湘江边跑来。兵工厂“哨兵”调开后，随同接送武器的其他同志快速把十六支“老套筒”和子弹运出兵工厂。耿飚随后甩掉哨兵，折回旅社与同志们会合，圆满地完成了武器接送任务，这些枪支弹药就这样到了工人赤卫队手里。工人赤卫队用这些武器，打击反动矿警，夺取了更多枪支。1928 年春，这些武器连同水口山工人赤卫队一起上了井冈山根据地。耿飚等人冒着生命危险接送枪支的事迹得到了党团组织的高度肯定，评价耿飚“浑身是胆，智勇双全”。

▲耿飚曾经战斗过的地方

（五）重回水口山，感受当年革命情怀

水口山是耿飚革命的起点，他在水口山度过了童年和少年时期。耿飚在回忆录中写道：“离开水口山 60 多年来，我一直怀念它。”耿飚晚年多次提到水口山的英烈，对他们的革命精神始终不能忘怀。

1991 年 10 月 8 日，82 岁高龄的耿飚终于了却心愿，再一次回到水口山，亲临曾经生活、战斗过的湖南水口山矿务局视察工作。故地重游，耿飚寻觅着那些烈士与英雄曾经走过的路。他怀念工友、战友，说：“水口山矿工对中国的革命贡献很大，800 多人上井冈山，这些矿工很守纪律，打仗很勇敢，可是后来大部分牺牲了！”

他专门接见了谢怀德烈士的儿子，鼓励他继承父辈遗志，为国家多作贡献。他勉励大家要“多读马列的书和毛主席的书，任何时候都不动摇共产主义信念”。他听取了矿务局的工作汇报，参观了矿务局建设成就展。他针对该矿因受计划经济管理模式的困扰而忽视市场的状况，语重心长地建议：“矿山要进一步发展，你们要学会做生意，要学点孙子兵法。”在当时国内理论界还在为计划与市场姓“社”姓“资”而争论的大背景下，他以老一辈无产阶级革命家的政治勇气和远见卓识，为家乡工矿企业建设指明了开拓创新的方向。

水口山矿务局领导代表全局一万多职工授予耿飚“水口山矿务局功勋矿工”荣誉称号。荣誉证上写道：“耿飚同志，您从一名矿工成长为无产阶级革命家，为中国革命和建设建立了不朽的功勋，这是我们水口山工人的光荣和骄傲，特授予您‘水口山矿务局功勋矿工’荣誉称号。”耿飚高兴地接过荣誉证说：“和工友们、战友们在一起，非常高兴！”在他的回忆里，我们可以感受到耿飚对水口山的那份特殊的思念。

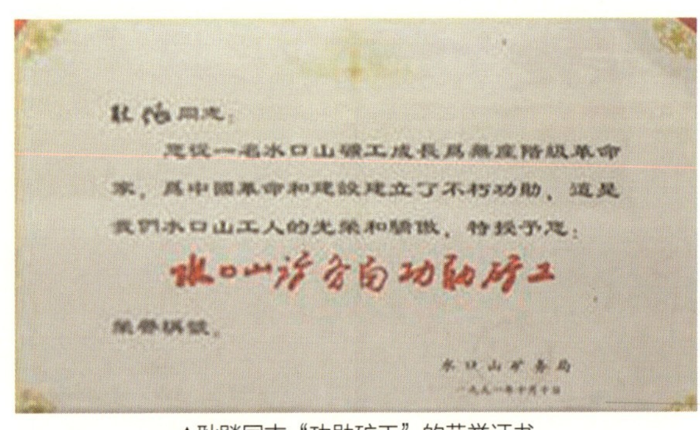
耿飚同志：

水口山矿务局功勋矿工

水口山矿务局

▲耿飚同志“功勋矿工”的荣誉证书

三、蒋先云——水口山工人运动的杰出首领

（一）短暂而又辉煌的一生

▲蒋先云

蒋先云（1902—1927），字湘耘，号巫山，湖南新田人，中国共产党早期的优秀党员和革命烈士、无产阶级革命家、工人运动领袖、军事将领。这位工人运动领袖、黄埔奇才、国共桥梁、北伐骁将的一生，是短暂的一生，更是光辉的一生。

1917年，蒋先云考入衡阳湖南省立第三师范学校。五四运动期间他在衡阳发起成立湘南学生联合会，被选为总干事。随后，发起成立进步团体“心社”，宣传新文化，不久加入中国社会主义青年团，1921年经毛泽东介绍加入中国共产党。1922年，蒋先云赴江西安源开展工人运动，在工人夜校教书并参与筹建工人俱乐部，出任俱乐部文书股长。后奉命到水口山矿区建立党的组织和工人俱乐部，领导了水口山矿工大罢工并取得胜利。

1924年5月，蒋先云入黄埔军校第一期学习，任中共黄埔军校特别支部书记。蒋介石十分重视蒋先云的才能。周恩来对蒋先云在政治与军事上的本领也极为认可，称赞其“是个将才”，长期委以驻职黄埔的重任。军校毕业后，蒋先云留校任蒋介石的秘书。在周恩来的领导下，蒋先云发起成立青年军人联合会，是该会负责人之一。第一次国共合作期间蒋先云参加了两次东征陈炯明、平定广东商团叛乱、平定杨希闵与刘震寰叛乱等战役，逐渐成为当时国共两党的风云人物。北伐战争开始后，蒋先云受党组织派遣任北伐军总部秘书，兼补充团第五团团长，参加了攻打九江、南昌等战役。1927年，蒋先云被任命为国民革命军第十一军二十六师七十七团团长兼党代表，率部北上河南，5月28日在攻克临颍城的战斗中英勇牺牲。

（二）“永远做共产党员”

长沙烈士公园烈士纪念塔内的烈士文抄碑上，由“黄埔三杰”之首的蒋先云在北伐战争洪流中发出的“头可断，而共产党籍不可牺牲！”“官可以不做，命不可不革！”这两句铿锵有力的革命宣言列于正面第一位置，彰显出了一位共产党员的铮铮铁骨。

蒋先云加入中国共产党后同刘少奇、李立三领导了震惊全国的安源路矿工人大罢工，随即成长为工人运动的领袖。国共合作期间，蒋先云在广州黄埔军校就读，做了大量有利于两党合作的政治活动，多次调和校内党争，多次力劝蒋介石与共产党合作。

1926 年“中山舰事件”发生后，具有国共双重党员身份的蒋先云第一个当着蒋介石的面公开表示“永远做共产党员”，维护了共产党人的尊严。1927 年初，蒋介石反革命阴谋日益暴露。面对高官厚禄的引诱，蒋先云不为所动，毅然去武汉任湖北省总工会工人纠察总队队长，倡议成立黄埔学生反蒋委员会。1927 年蒋先云作为先遣队攻打河南临颍城，激战中他率领一营、三营冲在最前面，左足中弹，跨上战马再冲；再受重伤人马俱仆，又换上战马奋起再冲；最后，弹片炸断皮带，穿入腹腔，壮烈牺牲，年仅 25 岁。蒋先云牺牲后，周恩来在武昌亲自主持召开追悼会，当时中共中央机关刊物《向导》周报刊登了题为《悼蒋先云同志》的悼词。徐向前元帅称蒋先云“斗争坚决，作战勇敢，头脑敏捷，堪称青年军人的榜样”，并亲自为他题词：蒋先云烈士永垂不朽。

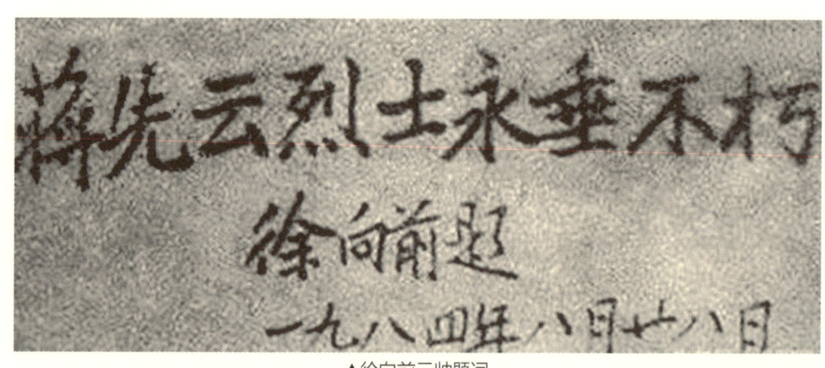

▲徐向前元帅题词

（三）“军校中最可造就的人才”

黄埔军校是中国近代最著名的一所军事学校，名将辈出，战功显赫，扬威中外，影响深远，在中国近现代史上占有显赫地位。在众多英雄烈士中，威名赫赫、战功赫赫的“黄埔三杰”之首蒋先云，更是引人追怀的重要人物。他以卓越的才能成为国共两党合作与交往的桥梁，在承上启下、出谋定计、沟通信息和促进团结合作方面发挥了无可代替的作用。

1924 年 3 月，经中共湘区委员会推荐，蒋先云赴广州报考黄埔军校，他以第一名的成绩考入黄埔军校第一期。从入学到毕业，他囊括了所有科目考试的冠军，创造了黄埔军校史上一项“后无来者”的奇迹，被廖仲恺誉为“军校中最可造就的人才”。蒋介石曾称：“如果革命成功后我解甲归田，黄埔军校这些龙虎之士只有蒋先云才能指挥。”

当年的同学回忆称，蒋有如恒星般，无论身在何处都不减其光辉，是天然的领袖。与蒋先云同为黄埔军校一期的徐向前元帅在回忆他们二人在黄埔军校生活时说：“蒋先云是我的良师益友，他斗争坚决，作战勇敢，头脑敏捷，堪为青年军人的模范。”郭沫若追述他们在北伐军总司令部的岁月里，也自认“蒋先云比我强”，对他表示深深的敬意。后郭沫若撰文《蒋先云的诗》，在文中这样说：“先云战死了，但他的精神是从此不死了。我本来想做一篇文章来纪念他，但我觉得我们有时间性的文章不足以纪念超时间性的烈士。足以纪念烈士的，只有他自己生前的行动，生前的言论。”“先云是最爱惜士卒的。他率领

▲蒋先云故居

士卒有一种天才的手腕，无论怎样的新兵，只要经他训练一两礼拜，使人人都变为效命。如此将才，竟而早逝，我们为革命的前途，不能不深致悼念。”国民党将军张发奎在蒋先云牺牲后为《汉口民国日报》撰文评论“蒋先云是一位冲锋陷阵，百战百胜的将军”之后，也同声赞美“此种健儿，天下能有几人！”总之，蒋先云享有的历史威名，可称黄埔第一人了。

（四）水口山工人运动的杰出首领

水口山工人在没有中国共产党领导之前，曾多次举行自发斗争，均无果而退。1922 年底在中共湘区委员会的指导和衡阳地方党组织的直接领导下的水口山工人大罢工，是衡阳的工人阶级与以赵恒锡为首的湖南军阀的系列斗争中第一次取得胜利的斗争，灭掉了官办矿局的威风，壮大了湖南工人运动的声势。它是湖南第一次工运高潮中产业工人罢工的高峰，在中国工人运动史上占有光辉的一页。中国劳动组合书记部负责人邓中夏对此给予高度评价:“中国矿山虽多，唯有全部组织的，只有江西之安源及湖南水口山二处，而水口山铅锌矿罢工，其雄壮不亚于安源。”而二十出头的热血青年蒋先云在这场轰轰烈烈的工人运动中，显示了卓越的领导才能，成为朝气勃勃的青年革命家。

蒋先云家境贫穷，幸因亲朋好友给予支持，出钱出米，才得勉强上了村立国民小学读书。由于蒋先云读书勤奋，所习各科都取得优异成绩，老师认为他“禀赋聪颖”而深为器重。于是蒋先云很快得以跨过高小而被湖南三师破格收为学生而免费入学。

1917 年“十月革命”和 1919 年“五四运动”先后爆发。蒋先云与夏明翰、黄静深等一起受到这革命浪潮的影响也在衡阳开始宣传马克思、列宁的革命思想和新文化运动。在衡阳湖南三师，他带头发起组织“学友互助会”，创办《嶷麓警钟》；成立“湘南学生联合会”，受推为联合会第一届的总干事，并在何叔衡指导下率领爱国进步学生掀起反帝反封建的群众性的革命运动。

1921 年，蒋先云以毛泽东创建的新民学会为榜样，发起组织

▲轰轰烈烈的水口山工人运动

革命的“心社”。他亲自起草心社章程，其宗旨是“牺牲个人利益，图谋群众幸福，结合真纯同志，谋社会实际改进”。这与长沙新民学会规定要“改造中国与世界”的宗旨，是一脉相承的；亦可谓南北呼应，而异曲同工，为湘南成立革命组织首创开端。

由于蒋先云在湘南三师的出色表现，毛泽东在1921年从上海参加党的“一大”之后，回到长沙就赶到衡阳听取蒋先云的汇报，决定以衡阳湖南三师为革命学生活动的基地，成立中共湖南三师党支部。同年，吸收蒋先云等为三师第一批共产党员，为湘南地区革命斗争揭开崭新的一页。

1922年，年仅二十岁的蒋先云在三师毕业后，随即受党的派遣到安源从事工人运动。随后，蒋先云又转往水口山矿，向工人传播安源罢工斗争的经验，帮助组织工人团体，开展为捍卫工人生活利益而斗争的工人运动。经过蒋先云的策划，水口山工人在1922年11月27日公开成立工人俱乐部。几天之内，就有成百成千的工人群众踊跃加入俱乐部活动，并成立中共水口山党支部。由蒋先云担任书记兼俱乐部主任。同年12月，他亲自深入开展思想工作，发动三千水口山地区矿工实行罢工，坚持斗争达23天之久。在斗争中选出“十代表”“百代表”，而以蒋先云为罢工全权代表，直接同矿主和矿局面对面谈判。

俱乐部致各公团函

全國各公团鉴：

我们水口山的几千工友，久处于万恶环境之中，万重压迫之下，困苦艰难，无法可想。现今已经觉悟了，醒来了，知道欲减除痛苦，增进幸福，非组织团体不可。

敝部定于十一月廿七日开成立会，因水口山地方偏僻，交通不便；又兼以特别情形，敝部不得不即日成立。故未早日函請。

各公团列々先生驾临敝部指导一切，慊甚慊甚！但来日方长，尚祈我最亲爱的同阶级的朋友，时加指导，为盼为祷！

湖南水口山工人俱乐部啓

十二月廿六日

▲水口山工人俱乐部致各公团函

水口山矿反动当局曾企图以白银五百两买凶行刺蒋先云，工人闻讯就将蒋先云秘密保护起来，使他得以转危为安。反动矿局此计不成，又以伪军营部的名义张贴布告，悬赏捉拿蒋先云，说“凡拿获解部者，赏洋一千元；拿获者赏洋五百元”等，妄图阴谋杀害蒋先云，但都被一一识破而失败。最后反动当局无计可施，只得答应罢工条件，水口山工人罢工运动赢得了完全的胜利。

第五章　水口山的工匠

翻开水口山的发展史不难发现，水口山之所以能在历史大变革中坚如磐石，并不断成长壮大，除了其拥有丰富的自然资源这一优势条件以外，靠的是一代又一代水口山工匠们坚守传承的“艰苦奋斗、创新图强、精益求精”精神，这种精神奠定了铅都的长青基业，诠释了中国民族工业之魂。百年来，从水口山走出了一大批工匠，他们参与、见证并创造了水口山的辉煌历史。受篇幅限制，不能对这些人物进行一一介绍，只能选择其中代表性的人物来展示。本章选取了西法炼锌第一人同时也是湖南省劳动模范的饶湜，全国劳动模范易会才、袁谋训、贺石头、杨麦富，全国五一劳动奖章获得者欧阳伯达、谢小平、肖富国，他们或是水口山的技术专家，或是普通工人，或是领导者，但无论是怎样的身份，他们身上都印刻着“水口山工匠”的印记。这些“水口山工匠”身上的一个个平凡而又感人的小故事，传递着“水口山人的精神”。

▲街道栏杆上的“水口山标志”

一、饶湜
——我国第一代卓越的炼锌专家[1]

▲饶湜

饶湜（1892—1974），字或安，湖南省长沙县人，他是我国第一代成绩卓著的炼锌专家。1915 年饶湜毕业于湖南工业专科学校（湖南大学前身）矿冶科，同年调水口山矿务局任测绘员。1916 年至 1936 年，在湖南炼铅厂历任工程员、副工程师、总工程师。1930 年末开始从事炼锌工作，筹建湖南炼锌厂（水口山第一冶厂前身），任该厂总工程师兼厂长。新中国成立后仍任原职，1954 年调水口山矿务局任副总工程师。

民国初期，德国工程师韦加克曾在长沙灵官渡矿务局一堆栈中，用水口山所产的锌精矿进行火法炼锌试验，历时半年，花费 10 万美元，终因炼罐问题宣告失败。1930 年 11 月，湖南省建设厅委派饶湜为工程师，拨款 1 万银元从事西法炼锌试验工作。他不以外人成败为虑，他未曾留洋学习或考察，唯一可供参考的是西方国家出版的《炼锌学》，但书上只有基本原理介绍和简单示意图。饶湜埋头苦研，边设计，边施工，边摸索，边修正。在调查土法炼锌的基础上，设计出炼罐及试验炉，并从外地请了几位熟练的瓦匠和窑工，在长沙南郊金盆岭附近租赁一处旧房作为工棚，设计并修建起小型烘砂炉与蒸馏炉；同时采用东安与湘阴所产的耐火黏土作为生料，掺入少量开滦矿务局所产的耐火砖碎渣作为熟料，混匀、揉熟、捣紧成型，制出第一批能耐高温的炼罐。经测试，得出炼罐耐火度为 1300℃，刚好达到炼锌要求。火法炼锌试验一举成功，产出锌 3.5 吨。

[1] 参见吕雪萱：《饶湜——中国炼锌工业的开拓者》，《产权导刊》2019 年第 2 期。

在炼锌试验成功后，1932年冬，省建设厅命饶湜负责湖南炼锌厂的筹建工作。他择址湘江西岸三汊矶，经过一年多的紧张施工，于1934年厂房竣工，炉座设备安装就绪，7月26日正式成立湖南炼锌厂，同日用火法横罐炼锌炉炼出了中国第一炉锌，结束了中国自隋、唐以来1000多年相沿的土法炼锌的历史。他被委任为总工程师兼厂长。该厂年产锌700吨以上，每年盈利超过2万银元，为湖南四大工矿企业之一。1937年，上级发给他奖金4000元，供赴西欧各国考察炼锌工业之用，后因抗日战争爆发而未及成行。1938年为避敌机轰炸，该厂奉命迁益阳三堂街；1940年迁常宁松柏复工；1944年日寇侵入湘南，他将工厂主要物资迁存宁远金洞，至次年秋日寇投降才迁回三汊矶旧址复工。

中华人民共和国成立后，饶湜仍在该厂任原职。1954年，他采取在焙烧过程中脱除铅、镉等杂质的措施，在水口山一厂成功地炼出锌品位为99.99%的高级纯锌。为此，《新湖南报》发表题为《用简单的横罐炼锌达到四个九的品位，是一个劳动经验与技术理论相结合所创造的奇绩》的评论；《湖南矿工通讯》评价为“火法炼锌，全国创举”。此外，他以水口山矿务局第一副总工程师的身份，赴401厂（现为葫芦岛锌厂）指导工作，参与设计和筹建水口山第四冶炼厂和株洲冶炼厂。

饶湜先后被评为湖南省第一届工业劳动模范、湖南省劳动模范，1952年任湖南省第一届政协委员，1958年6月当选为湖南省第二届人民代表大会代表。他晚年编著的《锌的冶炼》等著作，记载了20世纪30年代以来火法炼锌工艺技术和实践经验。饶湜为我国炼锌事业付出了毕生的精力，作出了卓越的贡献。

二、易会才
——把艰苦奋斗的红旗扛在肩上的“红管家”[1]

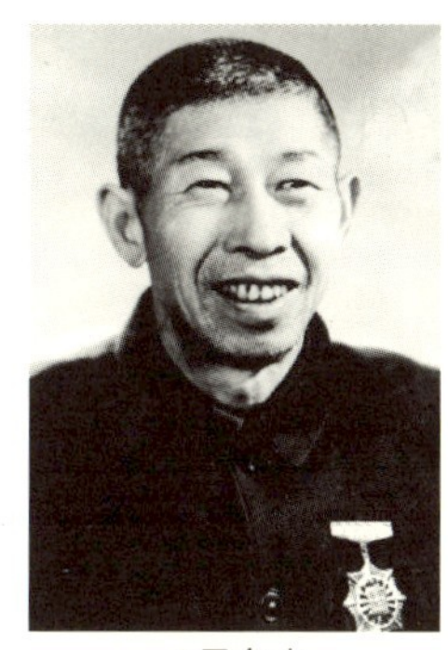
▲易会才

1914 年，易会才出生在湖南汨罗，1954 年进湖南水口山矿务局铅锌矿当工人，后任矿务局供销处总库废旧材料管理员、车间主任。1964 年起，15 年中带领工人先后回收、修复用于生产的废旧材料 200 多种，节约利废总价值达 200 多万元。1979 年，易会才获全国劳动模范、全国冶金战线劳动英雄称号，是第四、五届全国人大代表。他的优秀事迹被中央人民广播电台、《湖南日报》等媒体重点推介和报道，成为 20 世纪 70 年代闻名全国的优秀共产党员，被赞誉为出色的“红管家”。他那种“节约每一颗螺丝钉螺丝帽的精神”，一直在全社会倡导发扬。

1964 年，易会才调到水口山废旧材料库工作，把执行“厉行节约、反对浪费这样一个勤俭建国的方针”深深地扎根在自己的头脑里。

有一次，易会才从水口山坐小火车到松柏去的路上，看见铁路边有坨矿石。下车后，他便步行返回水口山，背了这坨 20 多斤重的矿石，送进了选厂。从此，不是急事，易会才就不坐小火车，总是挑担箩筐，收收捡捡。火车司机老见他这个行装，就问他:“易师傅,车不坐,你练脚劲？”易会才笑笑说:“坐火车一下子把我拖跑，看到要捡的东西也捡不到手，干着急，还不如走路方便。”

易会才和几个老师傅到一个老采场捡废铁。这里岩石极不稳固，巨大的松石纵横交错，像龇牙咧嘴的“老虎口”。他心想，这些废井窿里还埋着大量的铁轨、管道，不能看着它们让铁锈吃掉，

[1] 参见《水口山之星——水口山英模人物录》(水口山有色金属集团有限公司内部资料)，2008 年印，第 3-8 页。

▲水口山学习易会才的标语

一定要把它挖出来！他领头爬上十几米高的天井，开始了拆除废管道的战斗。当拆到最后一根管子时，脚踩的朽木突然断了，眼看就要从十几米高的天井摔下来！这时，他眼疾手快，一把抓住头顶上一根横木，身子像荡秋千一样在空中悬挂起来。大家费了好大的劲才把易会才接下采场。有人说:“算了，别为了一根破管子，把老命也给垫上！”易会才并没有动摇自己的决心，他捋起袖子，用绳子拴住腰，悬在空中作业，终于把这根铁管子拆了下来。他们这一次就为了国家回收了十余吨废钢铁。

几年来，易会才不管风雪严寒，也不管炎天暑热，每天都要出动捡废料。他几乎踏遍了矿区的山山岭岭，走遍了井下的每一个采场。废料库里收集的废料，有钢材、管道、合金、仪表、机具、零件；也有被人认为“一钱不值”的牛角、纽扣、钥匙、废电池、玻璃瓶、破布条……库房里，单是废电池上剥下的锌皮，就有 170 多公斤。

过去回收仓库的废品旧料不论好坏，统统作废料运出去处理，许多有用的器材元件、贵重合金也没有回收利用，给国家财产造成了损失。易会才来到仓库后，便和仓库的同志们商量，一定要把收捡回来的废旧材料分门别类进行加工配套，回收利用。大家想办法、挖潜力，把回收的废旧材料分门别类、加工修配。他们把破旧的工作服洗净、

▲易会才与青少年在一起

补好，发给工人使用;烂了的工具袋，他们一针一线缝补好，配上挂钩、皮带;废斧头还有钢火的，就磨快，钢火用完了的，便送到煅工组去加工;坏了的钎头、皮尺、扳手、开关、电筒、弹子盘……就拆下零件，清洗修理，选好的配套；加工修配好的旧料，该涂油的涂油，该包封的包封，分门别类搞得整整齐齐。

从 1964 年到 1969 年，易会才和仓库的同志把近 200 种、价值 29 万余元的废旧料用到了生产上。1969 年，他们给生产上提供弹子盘 428 个、钢铁器材 586 吨、碎合金 577 公斤、皮线 3025 米……使废旧料重用了逾 70%，不仅有效地保证了供应，促进了生产，节约了开支，而且在群众中广泛地传播了艰苦奋斗、勤俭节约的好思想、好作风。工人们热烈赞扬易会才管理的废料库是个“百宝库”。易会才艰苦奋斗、勤俭节约的先进事迹受到领导机关和广大革命群众的赞扬。

易会才身上所折射的“红管家精神”诠释的也是水口山人的工匠精神：就是干一行爱一行、到一处红一处的敬业精神；就是不图名、不图利的奉献精神；就是不怕苦、不怕死的艰苦奋斗精神；就是“家业越大，越要勤俭”的勤俭节约精神。

三、袁谋训
——矿山建设的顶梁柱[1]

▲袁谋训

袁谋训，湖南常宁人。他从 1982 年至 1989 年先后 7 次评为水口山矿务局标兵、局劳动模范、特等劳动模范和模范党员。1982 年、1984 年被评为衡阳地区优秀党员。他还是 1982 年湖南省劳动模范，1988 年有色金属总公司劳动模范，1989 年全国劳动模范、湖南省特等劳模。

在柏坊铜矿采二区办公室里，一位身体单瘦、中等个头的人激动地跟工区区长和党支部书记在争辩："6402 采场真要封闭吗？""是的，这是安全部门的意见。""可是，这里面还有 2000 多吨高品位的矿呀，它是国家的财富啊！""不封闭不行，安全没有保障。""不，我仔细看过了，有把握保证安全地完成支护任务。"这位同领导争辩、要求不封闭 6402 采场的中年人就是袁谋训。在他的坚持下，工区领导经过请示安全部门终于同意了继续开采的要求。

袁谋训和工友们知难而进。在井下，6402 采场二分层主进路，巷道四周怪石嶙峋，大量的渗水夹着泥沙从岩壁、顶棚上往下掉，在地压活动的情况下，原来架好的架木发出"喳喳"的声响。他们边架木，一边打垛，一边打标尖，稳打稳扎，步步为营。时间一天一天地过去，架木已到了垮空区最高的地方。袁谋训由于长时间浸泡在泥水里，患了严重感冒，老病肩周炎也发作，还多次晕倒，工友劝他休息，他却坚定地说："干吧，没事，关键是这根顶梁柱要立正。"

[1] 参见《水口山之星——水口山英模人物录》(水口山有色金属集团有限公司内部资料)，2008 年印，第 9-11 页。

一个多月过去了，由于采取了强攻、快速、连续作业的办法，终于比原计划提前完成了支护任务。当能增加60万元产值的一车车矿石从新架好架木的巷道里通过时，袁谋训那像削去了一层肉的脸上露出了欣慰的笑容。

支护工，在矿山被人们称为与死神首先打交道的工种，袁谋训一干就干了20年。多年来与死神打交道的经历，锤炼了他不畏艰辛的精神，掌握了一手过硬的技术，从而攻克了井下一个又一个险恶难关。矿区的人们这样评价袁谋训："不管什么样的险关，只要袁劳模在，就没有攻克不了的。"

袁谋训始终以共产党员不畏艰辛和工人阶级主人翁的责任感，凭着他长期实践掌握的娴熟过硬技术，工作在多数是岩石最烂、环境最险、工作难度最高的井下作业地点，个人支护的巷道累计有十公里长。由于他出色的工作，1982年他荣获省劳动模范光荣称号。当上省劳模后，他没有沾沾自喜而停步。近年来，他带领团队攻克了垮空高、施工困难、大量涌出泥石流的巷道、采场的支护难关100多次，经他的手支护的木材达600多立方米，修通全塌巷道3000多米，使全矿采出了价值1800万元的矿石。

袁谋训说："我们采矿工人的职责就是多出矿、出好矿，如果有矿采不出而损失了，那就是失职。"20年来，他一直是忠于职守的矿山主人翁。我们国家正是有千千万万像袁谋训这样一心为企业、一心想国家的"顶梁柱"，社会主义建设事业才得以发展。

四、贺石头
——矿山里一块会唱歌的石头[1]

▲贺石头

贺石头出生在湖南常宁，是柏坊铜矿熔炼车间一名普通的职工、一位真诚的共产党员。贺石头“名如其人”，始终如一地以拳拳赤子心和敢想敢干的豪迈气概，在平凡的岗位上做出了不平凡的成绩。自 1986 年参加工作以来，他年年被评为先进生产者和单项技术能手，先后 5 次荣获局新长征突击手、局劳动模范称号，1998 年被评为衡阳市劳动模范，并被评为“湖南省十大杰出青年岗位能手”。1999 年荣获“全国青年岗位能手”荣誉称号。2000 年被授予“湖南省劳动模范”称号，同时被国务院授予“全国劳动模范”光荣称号。

别看贺石头不苟言笑，但他以善打硬仗、恶仗著称。在熔炼车间，凡遇到险、难、恶、重的任务，车间领导首先想到的是贺石头，因为贺石头的心中只认准一个理：没有跨不过的坎，没有攻不破的关，没有干不了的活。

由于受原料、设备的影响，1997 年前 4 个月，铜冶生产普遍不景气，欠产过多。为了挽回产量损失，5 月以来，贺石头身先士卒和同班同志们一道苦干、实干、巧干，使冰铜产量稳步提高，不但连续 7 个月产量位居 4 个生产班榜首，而且全年总产量比其他班多出 230 吨，一年多干了一个半月的活。1998 年又比其他班多产 120 吨冰铜。1999 年尽管其他班组奋起直追，但贺石头班的年产量仍比其他班多出 60 余吨。仅此一项就多创价值 300 多万元。

[1] 参见《水口山之星——水口山英模人物录》（水口山有色金属集团有限公司内部资料），2008 年印，第 13-15 页。

贺石头几乎将全部身心倾注在工作上，参加工作 10 多年，年年都做了不少义务班，平均每年都做义务工时 300 个以上，没拿过 1 分钱额外工资。车间规定每处理 1 个死风眼奖励 10 元钱，很多职工嫌少不愿意干，但只要轮到 4 班贺石头上班，他安排的第一件事就是打死风眼，他经常对班员说，莫说有 10 块钱，就是没有 1 分钱我们也要干，因为我们是在自己的企业里做事。每年停炉检修，车间总是将技术性较强、难度较大的鼓风炉拆装任务交给他。他从不讲价钱，带领全班同志起早摸黑，每天工作均在 10 个小时以上，遇到炉况恶化、生产不正常时，他总是主动向车间请战，没日没夜地奋战在鼓风炉上。一次，由于铜原料混杂，鼓风炉 39 个风眼灌死 16 个，其他的风眼也又黑又硬，难以送风入炉。当时正在家休病假的贺石头得知这一情况后，再也坐不住了，他立即召集本班几位生产骨干直奔生产区，一鼓作气连续工作，经过 3 个班的强行处理和关烧风口，鼓风炉起死回生，避免了死炉事故，挽回损失 10 万元以上。

在生产中，贺石头率先垂范，带领全班处理各种故障，在围绕保稳产、夺高产上做文章，安排技术熟练度高的班员把握好鼓风炉的进料、送风关，安排工作责任心强的班员把好咽喉口、渣口、电振等关卡，使各岗位工作做到有条不紊，严密配合，他所在的 4 班生产一天一变化，考核得分也由原来排名最后变成了名列榜首，终于摆脱了昔日工作最差的阴影。经过贺石头严格的班组管理和班员的不懈努力，4 班的各项工作都有了全新的改变，多次被评为“先进班组”“信得过岗位”“模范班组”。许多同事都“慕名”前来，向他讨教技术，一些新进的员工更是“追捧”贺石头，极力要求加入 4 班。

贺石头以他石头般的性格和品质，在平凡的工作岗位上无私奉献。辛勤耕耘必然有相应的收获和回报。贺石头很“憨”，他把青春和赤诚默默洒在鼓风炉旁，他把生命当作一种燃料奉献给鼓风炉，在他心中，永远都有一份沉甸甸的对岗位、对企业的爱。这份爱，净化了他的境界，升华了他的人生。贺石头的不懈努力和取得的成就博得了祖国和人民的厚爱，得到了企业决策者的充分肯定，“石头”也变成金刚钻，在自己的岗位上创造出更加辉煌的业绩。

五、欧阳伯达
——活着，就要奉献[1]

▲欧阳伯达

欧阳伯达，1943年生，1980年加入中国共产党，湖南攸县人，原水口山矿务局党委书记。他被评为1985年度、1986年度水口山矿务局劳动模范，1986年衡阳市优秀党员、省优秀党员、全国“五一”劳动奖章获得者。

1982年10月5日，湖南医学院附二医院外科病室的病理记录卡上有这样一段令人心酸的记录：欧阳伯达，水口山矿务局柏坊铜矿铜厂厂长，浓硫酸深度烧伤，纵然能抢救生命，人也必将终身残废……

在矿务局，人们“谈铜色变”。铜厂建设，打打停停，搞了8年，好不容易出粗铜。第二期工程电解铜车间，离预定竣工日期只差一个多月了，可还有一些设备没有安装。欧阳伯达是这时调去任厂长的。他一到任，连办公桌也顾不上领一张，就一头扎到车间去了。仅用了40个日夜，完成了电解铜车间的扫尾工程和生产准备工作。到国庆节，第一批电解铜，便伴着他和工人们的汗水被奉献给祖国。他刚送走湘潭电线厂来提电解铜的5台卡车，就又去了电解铜车间。当班工人正在吃晚饭。

欧阳伯达主动帮忙硫酸车卸酸。他走到硫酸车边，将酸放入低位槽，打开酸泵，再抽到高位槽去。突然，输酸的皮管猛烈地抖动了一下，随着“啪”的一声，在离地1.6米左右处爆开了一个口子，硫酸被高压泵逼迫，箭一般地喷射到欧阳伯达身上。眼镜被冲走了，浸透硫酸的衣服立时粘住了身体，来不及反应，来不

[1] 参见《水口山之星——水口山英模人物录》(水口山有色金属集团有限公司内部资料)，2008年印，第23-29页。

及擦拭，一切都来不及了……

昏迷，伤口感染，高烧不退，出现了败血症征象。生命的船，在波峰浪谷间颠簸，桅断楫折，只在顷刻。感谢现代医学，他才得以闯过最令人担心的危险期。但痛苦的磨难仍像黑影一样跟随着他。每换一次药，就是一次“严刑拷打”，伤口渗出的血水，把纱布浸红了，又凝固了，同伤口粘连在一起。怎么揭得下呢？连护士都手软，揭下的纱布，鲜血淋漓，新换上去的纱布，没一会又变得血红血红。

欧阳伯达所受的痛苦却不仅仅是这些。他的左眼受伤几乎完全失明，而且伤口要植皮，新皮得从自己身上割下来。切皮机在他身体健全部位“吱吱”地切割，用的是局部麻醉。但他用坚韧的毅力“扛住”了身体所受的剧烈疼痛，顺利度过了漫长的异常折磨人的“康复之路”，重新站立起来并迅速地再次投入他深深眷念的事业中去了。

诚如人们所说：“禀性难移。”1983 年 10 月，他自主翻译了《澳大利亚皮里港铅鼓风炉富氧熔炼》一文。11 月，又译了《进入八十年代的铅工业》。1984 年 4、5 月间到上海第二军医大学附属长征医院整容，手术前有一段检查观察期，他又译完了《八十年代的锌》，3 篇共约 5 万字。对于一个健康的人，这些工作量也许并不值得夸耀，但对于他，一个几乎只半只眼睛的伤残病人，就不能不令人惊叹了。

欧阳伯达工作的“胃口”越来越大。局党委考虑再三，让他去局计量能源所任副所长。这工作不能说不重要，但毕竟是机关，而他是学冶金专业的，他对炉火升腾的冶金炉一往情深，那里有他的事业，有他的追求和向往。

生活，给了他一个迷人的微笑，机会又一次向他招手了。1984 年年底，党组织任命欧阳伯达担任第三冶炼厂党委书记。

这次出征，欧阳伯达所面临的形势比他前两年出任铜厂厂长时还要严峻得多。1985 年，技术改造第一期工程要见成效，在允许停产前的 5、6 月两个月内，要完成所有未完成的工程，用余下的 300 天，完成全年两万吨粗铅的指令性计划。他怀着拼“老命”的决心，去了三厂。他还是过去的老作风，不待办公室，沉到车间、工地去了。他秉着“活着，就要奉献”的工作理念，即使在生死攸关的考验面前，他也没有放弃这个“理”。他和工人们一起吊装风机房大水泥立柱，带头钻又闷又热的大烟道，哪里工作最艰难，哪里就有他的身影。慢慢地，在三厂，越来越多的人从欧阳伯达身上认识了这个“理”。在他身先士卒的带领下，7 月 1 日，工程按期竣工投产。8000 平方米反吹风布袋室，以钢铁巨人的雄姿巍然屹立。120 米烟囱直指蓝天。鼓风炉前，铅水奔腾，流光溢彩，完成 2 万吨粗铅计划的报捷锣鼓提前 25 天敲响了。

欧阳伯达“活着，就要奉献”的精神就是水口山人的工匠精神，鼓舞着水口山人谱写一曲又一曲拼搏者之歌。

六、杨麦富
——地层深处一块难觅的富矿[1]

▲杨麦富

杨麦富，1994年7月参加工作，此后，他一直坚守在水口山井区风钻岗位上，爱岗敬业，无私奉献，争挑重担，勇闯难关，处处发挥着共产党员的表率作用。凭着过人的风爆技术、优良的工作作风、高尚的思想素质，杨麦富赢得了矿领导和同事们的一致好评。自1995年起，杨麦富连年被评为公司、矿优秀员工；2001年、2006年两次荣获矿生产标兵；2006年被公司评为一级风钻操作师；2007年荣获集团公司劳动模范称号；2009年被评为全国有色金属行业劳模。他所带领的班组自2001年起，连年被评为矿先进班组和公司模范班组。

杨麦富言语不多，但很实在，工区领导交付的任何事情，他都干得很扎实，让人放心。2007年5月，矿部为了提高全矿出矿品位，决定回采701-10#E高品位防水矿柱。该采场属夹壁矿体，两边都为采空充填体，安全威胁大，曾一度停采5年之久。加之该采面通风差，运输线路长，采场温度高，致使周边发出刺鼻的尾矿砂气味，令人望而生畏。为此，工区特设立较高的单项奖，部分职工见状都主动报名参加。

经过再三比较，工区决定让经验丰富的老风爆工及数名熟练工进场，没想到他们只干了几天，便打了“退堂鼓”——“受不了，钱再多我也不要”。这样一来，工区其他职工也望而却步。正当工区一筹莫展之际，杨麦富挺身而出，主动请缨，并立下军令状，保证在一个月内啃下这块“硬骨头”。在得到工区应允之后，当天，

[1] 参见《水口山之星——水口山英模人物录》（水口山有色金属集团有限公司内部资料），2008年印，第451页。

他便带领学徒尹忠泽忙开了。每天顶着高温，不辞辛苦，连续奋战 12 个小时以上。因该采场天井小，空位窄，这对身高 1.77 米的杨麦富来说，无异于是一种煎熬。他只能在打钻时半跪半蹲作业，加上难闻的尾矿药剂气味，好几次他都差点晕过去，但他与学徒硬是咬牙挺了过来。短短的 25 天时间便安全回采高品位富矿 6000 多吨，为矿部创造了 20 多万元的利润。

2007 年 7 月，又一件棘手的任务摆在了杨麦富的面前。804–12# 采场是采区难度最大的采场之一。该采场夹在七层和八层的中间，上下都有五六层梯子，人员上下和背炸药、工具都十分困难，加上通风不好，温度较高，岩石又硬，没有谁愿意到该采场作业。而该采场又是工区的重点采场，不拿下该采场，势必造成工区衔接脱节，影响工区年度任务的完成。杨麦富看在眼里，急在心里，他经过一番现场考察后，主动向领导请缨，创造性地采用“密排炮眼，压平顶面，斜控帮壁”的方式作业，每天作业 10 小时以上。一个月下来，回采矿石 2000 多吨，创下工区历史新纪录。

作为一名共产党员，杨麦富对自己要求十分严格，无论工区遇到什么困难，他都头一个奔到前面，他说：“我是一名党员，就该担起这份责任！”2008 年元月份，矿区遭受到百年不遇的冰灾，致使生产压电，井巷被淹，道路受阻，通风不畅。而工区矿源相当紧张，井下 11–1–8# 采场必须提前施工。按要求，必须贯穿 3 个高达 20 米的天井，才能进入采场作业，而打架木天井是井下最苦、最累、最脏的活儿。3 个架木天井岩石结构各异，有的坚硬无比，有的却松软如泥，贯通难度可想而知。矿部指示所有天井必须在 2 个月内全部贯穿，以便及时形成采场。3 个天井总掘进量达 60 米，加联络巷 30 米，总共 90 米的任务须在时常断电、断水、缺风的 50 多天完成。这一次，杨麦富又主动挑起了大梁。他每天坚持 2 个循环作业，一个人打钻放炮，拆架木台子，在闷热的天井上挥汗如雨，忘我拼搏。每天一身泥水一身汗，连续工作 50 多天，3 个架木天井及联络巷终于安全贯通。

身为一名共产党员，杨麦富在充分发挥党员表率作用的同时，更注重追求奉献精神，时刻展现出新时期年轻党员的崭新风貌。在接受工作任务分配中，他每次总是让其他同事先挑，将难干、工时紧、安全威胁大的“苦差”留给自己；在奖金分配上，他始终坚持“宁愿少自己，也不亏大家”的心态。2007 年至今，杨麦富参加的各项义务劳动多达几百小时，他却从未拿过加班补助。有人说他傻，他却憨厚地笑着说:“是个党员，就要带头，更要奉献。”在矿党委开展的“季度‘四高’党员”评选活动中，他每季都是高票当选，受到工区、矿部和全矿员工的高度赞誉。

杨麦富，在年仅 37 岁的时候，就留下了一串让人惊叹的数字：2007 年全年完成采矿 56278 吨，掘进 438.6 米，分别为工区总量的 48.9% 和 33.7%，个人与学徒一道单机完成采矿 38426 吨，掘进 198.7 米，全年累计出勤 324 天，义务奉献工时达 648 小时。2008 年 1—7 月，杨麦富带领班组成员完成采矿 24076 吨，掘进 247 米，分别占工区计划的 39% 和 41%。而这一串数字的背后，浸润了一位普通风爆工多少的汗水和责任啊！

杨麦富用实际行动告诉我们：什么叫作“水口山工匠的精神”。

七、谢小平
——“肩有千斤担，不挑九百九”的实干家[1]

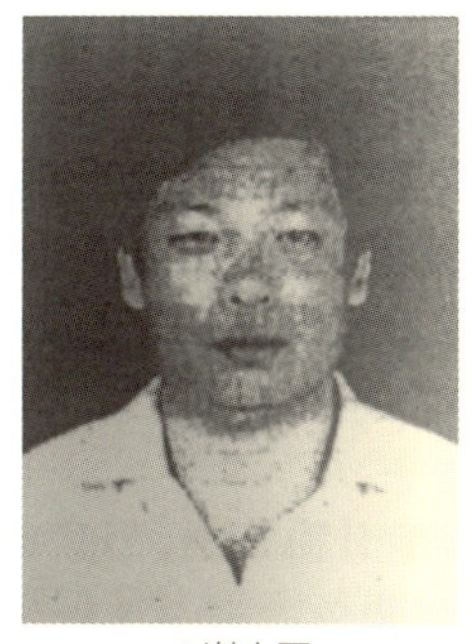
▲谢小平

谢小平，湖南祁阳人，1991年他被评为水口山矿务局“新长征突击手”；1994年、1995年连续两年被树为局“劳动模范”；1995年被中国有色金属工业总公司评为“先进青年职工”；1996年5月被授予全国“五一”劳动奖章，荣获湖南省劳动模范称号，并代表湖南“五一”劳动奖章获得者赴北京参加“五一”观礼，受到中央首长的接见。

在工作中，谢小平是“肩有千斤担，不挑九百九”的实干家。1995年1月，工区为尽快开辟新矿源，为下一步打好基础，要主攻804巷道。由于该巷道地质情况复杂，岩石硬度高出一般矿山2倍多，岩石硬度F系数达24，温度高达35℃，湿度达100%。1994年打打停停，一年只完成了掘进40米左右。在1995年的第一个班组长会上，工区领导把困难摆了出来，把这项工作的重要性也告诉大家。谢小平二话没说，主动承担了这一重大工程。在攻克804挡头过程中，他以苦为荣，以苦为乐，克服重重困难，坚持加班加点，每天工作十三四个小时。钻机坏了自己修，风水带破了自己捆，一干就是3个月。手上的茧，掉了一层又一层，结果只用3个月时间就提前完成了掘进136.7米，为工区下一步工作打下了坚实的基础。这个“拦路虎”拿下了，工区又将他调到九中段，进行9002巷道的新开拓。9002是全矿井下最热、通风最差、岩石最硬的地方，越是向里掘进，空气就越差，还经常卡钎。人在作业面上工作不到2小时，头上的太阳筋就是麻的，而且还

[1] 参见《水口山之星——水口山英模人物录》（水口山有色金属集团有限公司内部资料），2008年印，第35-39页。

热得不得了。一到这时，他就用打钻压力水往身上一淋，休息一下又继续作业。一次掘进中，风钻突然坏了，只剩下一两个眼未打，可他硬是从九中段爬梯子到八中段背来钻机继续作业。50 天时间就创造了掘进 243.5 米的新纪录。平均台班工效达到 4.87 米，为矿里计划台班工效的 3.3 倍，在全国有色金属矿山同行业中也属领先水平。

在康家湾矿，谢小平是有名的硬汉子，人称“采掘尖兵”。这位农家出身的小伙子，自 1990 年进水口山矿务局康家湾矿当合同工后，就“迷”上了矿山的井下工作。尽管井下作业条件艰苦，环境极差，可他从未怯过阵，他决心要在井下干出个样来。在 5 年的井下工作生涯中，他凭着自己吃苦耐劳、顽强拼搏的精神，练就了一身过硬的风钻爆破等技术，年年超额完成生产任务。谢小平越是艰险越向前，专啃硬骨头。903−2 采场拉开后，证实 15 米副层上部无矿，下部 5000 多吨高品位矿石资源不能丢失。矿生产科决定，在 6 米高的底部拉切巷，采取回采补救措施。这种回采方式，难度和危险性极大，上部探矿已经拉开，形成空区，下部 6 米再拉开回采，中间部位又只有 3 至 4 米，就像一块“楼板”，人就在这“楼板”下作业，随时都有垮落的危险。但 5000 吨高品位矿石又不能不回收，矿里会同有关部门采取周密的安全措施后，又为派谁作业犯难，许多职工见此生畏不愿去。具有丰富打钻、放炮和顶板管理经验的谢小平又毫不犹豫挑起了重担。在一个多月的时间里，他克服了淋水大、松石垮落等险情、困难，凭着他的技术、经验和胆量终于把 5000 多吨高品位矿石安全采下来。

有人问谢小平，苦不苦？累不累？谢小平回答说：“说不苦不累是假的，但是，我是一个党员，党员就应该是越是困难的地方越要去！”“肩有千斤担，不挑九百九”是谢小平对工作的一种理解，更凸显出以他为代表的水口山人的一种信念。

八、肖富国
——新时期高素质专家型领导的典型代表[1]

▲肖富国

肖富国，1964年8月生，湖南常宁人，硕士学历，研究员级高级工程师，长期从事矿山、冶炼的生产、技术、管理工作，业内公认的采矿专家，曾任湖南省常宁市水口山矿务局铅锌矿矿长。他是衡阳市第十届、第十一届人大代表，先后获评衡阳市模范党员、衡阳市劳动模范、衡阳市首届十大杰出青年、湖南省劳模，并被授予全国“五一”劳动奖章，是新时期知识型采矿专家的典型代表。

肖富国工作业绩突出，是公认的采矿专家。在长达16年的矿山工作期间，他始终坚持“科技兴企”方针，始终坚持“紧跟现场抓管理”原则，经常深入井下和选矿现场督查指导，带领矿山团队艰苦创业，使濒临破产的百年老矿水口山铅锌矿焕发生机。经离任审计确认，在他任矿长期间，铅锌矿实现内部利润1563万元，为当期计划利润的329%。

在全省最大的环保项目——铅冶炼烟气治理工程竣工后，为了早日实现公司目标，2006年年初，集团公司委派肖富国兼任第八冶炼厂厂长。他带领科技管理人员和广大员工励精图治、顽强拼搏、科学攻关，到2006年年底，使“水口山炼铅法”工艺转化为现实生产力，达产达标。2007年，八厂完成粗铅产量9.27万吨，二氧化硫回收率达96.5%，粗铅回收率达96%，金回收率达99%，铅回收率达98%，实现了工业废水零排放，资源利用率大大提高，环境显著改善。2007年，铅冶炼烟气治理工程通过国家环保总局验收，“水口山炼铅法”已被国家发改委、环保总局、中国有色工

[1] 参见《水口山之星——水口山英模人物录》（水口山有色金属集团有限公司内部资料），2008年印，第43-47页。

业协会列为向国内铅冶炼行业推广应用的重要炼铅技术。

长期以来，肖富国坚持践行“正义、责任、科学”的管理理念，提出“进攻型企业管理”新思维，并将现代企业管理方法运用于实践。在矿山工作期间推出了“一线管理法”，实施了“领导干部24小时现场走动式”管理，提出了“指标顶天，成本立地”创效理念。在八厂工作期间，他创造性地提出了“走技术路、开效益炉”的技术创效方针和“指标优先产量、安环优先生产、效益优先一切”的“三优先”生产运行原则，全面建立了以产品产量、成本费用、技术指标、现场管理为主要考核指标的“四位一体”管理体系，使得新工艺在试生产的第一年主营业务收入达14.6亿元，成为了企业新的效益增长点，大大缓解了环保压力，促进了矿区和谐。

工作中严于律己，企业营销业务严格按制度办事，并在八厂的经营工作中大力推行招投标办法，既大大提高了经济效益，又纯洁了队伍，带出了好班子。2007年他兼任厂长的八厂领导班子被评为全省国有企业“四好”领导班子，受到省委组织部、省国资委的表彰，《湖南日报》《中国有色金属报》作了专题报道。

面对鲜花和掌声，肖富国一如过去的低调和平静，在表彰会结束的当天晚上11时，就赶回了公司。次日一上班，他就将3000元奖金全部捐给了公司困难职工帮扶中心。他对前来采访的媒体记者说：“这个奖章不是属于我个人，而是属于水口山全体员工。我将以感恩的心去履行好一个普通劳动者的职责，忠诚企业，崇尚劳动，勤勉敬业，为水口山又好又快发展继续付出自己的努力，作出应有的贡献。”肖富国的低调务实正是水口山工匠精神的写照。

第六章　水口山工业文化遗产的保护和利用

工业文化遗产是工业建设智慧的结晶，是一个地区文化特色的传承与发扬，政府在制定发展战略过程中必须考虑它们的文化价值与存在的意义。工业文化遗产保护与利用虽不是城市振兴的全部内容，但会对城市经济、社会发展战略起重大影响作用，有利于推动城市全面可持续发展。目前，学界对于水口山工业文化遗产的关注度比较缺乏，对其总体状况、分布情况缺乏了解，这也使得一些保护建议的可操作性不强，落实行动的力度不够。因此，本章旨在通过进一步调查和梳理存在的问题，提出关于水口山工业文化遗产的保护建议。

▲水口山铅锌矿文化栏

一、水口山工业文化遗产保护和利用存在的问题

（一）水口山工业文化遗产保护形式单一

水口山工业文化遗产的保存形式目前仅有“水口山工人运动陈列馆”。该馆按照一般性布馆原则，对水口山铅锌矿冶遗址仅仅停留在简单的图片介绍上，而且游客仅是单纯的参观，参与度不高，无法身临其境地感受铅锌矿的生产流程与生活情景。需要注意的是，运用陈列馆或博物馆保护工业文化遗产仅是其诸多保护措施之一。因此应探寻工业遗产其他保护模式，尽量扩展多种类的再利用模式，使水口山铅锌矿遗产的价值得到最大化的利用。

（二）地方保护意识不强导致水口山工业文化遗产疏于保护

地方政府对水口山工业文化遗产的价值分析不充分、不深入，保护意识不强。实际上，保护水口山工业文化遗产就是在保护水口山的历史。在调研的过程中，我们发现，衡阳各级政府对工业文化遗产保护宣传和普及的力度还不够，很多市民对工业文化遗产概念不了解，因此很多旧遗址没有得到良好的保护，例如水口山第三冶炼厂早期建筑群、水口山铅锌矿职工医院旧址、铅锌矿影剧院旧址、铅锌矿职工理发店旧址等众多颇有年代感的房子因疏于保护已显得十分破旧，有些几乎沦为废址；当地居民也没有保护意识，有的人在遗址上种菜，有的人甚至随意破坏遗址，很少有人关注保护问题。

（三）地方政府对水口山工业文化遗产的管理体制不完善

工业文化遗产保护是一个复杂的过程，目前国内的保护管理模式涉及许多管理部门交叉负责，管理相对困难，尤其是缺乏完善的法律法规。就水口山铅锌矿冶遗址保护现状来看，湖南省目前与工业遗产保护相关的法律不健全，没有制定明确的法规，水口山铅锌矿许多工业遗产虽然列入文物保护名录当中，但是很少对其采取保护措施，大量的工业遗迹被肆无忌惮地拆毁，许多有价值的遗产得不到有效的保护。各级政府有必要理顺保护工业文化遗产的管理体制，并尽快制定相应的法律法规。

（四）对水口山工业文化遗产的价值评价体系不完整

工业文化遗产价值的评价是非常繁琐复杂的工作，涉及历史、文化、技术、艺术、经济等各个方面。工业文化遗产价值评价数据可以作为其保护模式选择的参考依据。因此，一套完善的价值评价体系对水口山工业文化遗产保护再利用有着重要的作用。目前湖南省对水口山铅锌矿冶遗址尚未形成完整的工业文化遗产评价体系，对水口山的古矿冶遗址、古建筑、工业遗址、近现代革命文物等类型的遗产没有深入挖掘。价值认定不精确，这种情况直接阻碍了水口山工业文化遗产的保护、利用和再开发工作的进行。

（五）与“水口山工业新城”建设的联系不密切

“十三五”期间，常宁市提出将“水口山工业新城”打造成特色产业集聚区、生态环境保护区、城市建设示范区。水口山工业文化遗产对于“水口山工业新城”肌理的形成有着重要的影响，然而在“水口山工业新城”的建设过程中，未能将水口山工业文化遗产保护与常宁市规划的水口山新城的规划合理地结合在一起，没有考虑工业文化遗产的改造方式与常宁市水口山新城的整体功能、城市产业结构、城市公共设施之间的关系。

二、水口山工业文化遗产的价值评价
——以铅锌矿遗址为例

工业文化遗产是文化遗产的一种特殊类型，水口山工业文化遗产作为我国矿冶工业文明产物的一部分，具有重要的历史价值、原真价值、文化价值、艺术价值以及身份认同价值。水口山工业文化遗产的综合价值在“铅锌矿冶遗址”上表现得最为突出、最具有典型性，突出表现在“十大方面”：

第一，水口山铅锌矿冶遗址是一个有确信史的千年古矿冶遗迹，其“官办史”在我国铅锌矿冶史上独一无二；

第二，水口山铅锌矿冶遗址充分反映了千百年来的悠久采矿史及冶炼史；

第三，水口山铅锌矿冶遗址规模宏伟，从现有矿冶遗址看较为罕见；

第四，水口山铅锌矿冶遗址坐落地在国际上具有很高的声誉；

第五，水口山铅锌矿冶遗址凸现了我国铅锌矿冶早期最先进的采矿技术；

第六，水口山铅锌矿遗址彰显了我国最先进的铅锌冶炼技术；

第七，水口山铅锌矿冶遗址是培养和输出铅锌冶炼人才的摇篮；

第八，水口山铅锌矿冶遗址具有独特的“革命性”，是其他矿冶遗址无法“相提并论”的；

第九，水口山工人俱乐部旧址——康家戏台具有独特的“革命性”、很高的民俗价值，以及很高的建筑价值；

第十，水口山铅锌矿冶遗址的人文和环境保护利用价值极高。

▲文化栏“传承红色基因”

水口山铅锌矿冶遗址还充满了丰富的人文气息和艺术魅力，具有深厚的文化感染力。清代湘学泰斗王闿运曾题松柏楼联云：“十里接银场，前代茭源曾置监；层楼压湘水，过江山色任凭栏。”常宁水口山银场联云：“未金诚所感能开金石；兴山泽之利以致富强。”龙王山附近，至今还流传着“仙姑献身救矿工”的感人故事。龙王山水库北麓至今还留有清代文人留下的楷书体“聚宝盆”摩崖石刻，与龙王山南麓的“摇钱树”遥相辉映。凡到此经营的矿业主为了求财，对山神、财神顶礼膜拜，祭祀仪式非常隆重热烈。正是因为水口山矿冶遗址遗存具有很高的价值，有巨大的旅游开发利用潜力，常宁市人民政府拟将水口山铅锌矿古遗址系列作为常宁市文物保护及旅游开发保护项目，加大投资力度，吸引各界对铅锌矿古遗址的重视和保护。

三、水口山工业文化遗产保护与利用的策略

（一）保护与利用的原则

工业遗产保护的原则包括整体性原则、原真性原则、长期利用原则、生态原则、新旧共生原则、人本原则、价值综合性原则等。[1]

1. 整体性原则

水口山工业文化遗产保护应以整体性原则为前提，一方面，要保护遗产历史资料的完整，主要从时间、空间、建筑布局、功能等方面进行保护；另一方面，尽量做到建筑改造与周围环境的融合，与城市整体规划相一致。水口山是典型的因矿而生的小镇，随着城镇建设的更新发展，许多矿冶遗址遗迹需要被改造开发新的功能来满足经济发展。保护与利用水口山矿业遗址不能简单地考虑工业文化遗产自身的发展，而应从水口山镇的整体发展出发，与现有的小镇建筑有机结合。

2. 原真性原则

《威尼斯宪章》中提出了保护遗产原真性的意义，即“将文化遗产真实地，完整地传下去是我们的责任”。[2] 以水口山工业文化遗产的核心遗产水口山铅锌矿为例，该铅锌矿遗址分布范围达 120 公顷，包括 15 处地面遗迹和 4 处地下遗迹共 19 处文物点，涵盖古矿冶遗址、古建筑、工业遗址、近现代革命文物等类型，具有唯一性、独缺性等特点。在保护的过程中，应尊重旧址，尽量不刻意地改造原有的铅锌

[1] 参见何岩:《吉林省辽源市工业遗产保护与利用研究》，吉林建筑大学 2015 年硕士学位论文，第 37-39 页。

[2] 国家文物局:《国际文化遗产保护文件选编》，文物出版社 2007 年版，第 52 页。

矿冶面貌，保证工业文化遗产的完整性和真实性。只有这样才能充分还原铅锌矿冶原真状态，而不是呈现出我们后人想象出来的“原状”。当然，保留工业文化遗产的原真性并不意味着原封不动地保存，保护其原真性体现在对原有厂房平面布局、原有造型及艺术风格或革命时期所用的特有的建筑结构、革命遗迹和铅锌矿冶工艺技术四个方面的保存[1]，是以保留物质与非物质的遗产原真性为前提，对工业遗产进行保护再利用。众所周知，再利用是最好的保护方式，妥善的再利用可以为工业文化遗产保护提供经济支撑和生存空间，所以应当根据评价结果明确文物点的保留与改造的内容，将铅锌矿冶遗址遗迹原真性和水口山镇规划进行有机的结合，尽可能地展现特定历史条件和时代背景。

3. 长期利用性原则

工业文化遗产保护应遵循长期利用原则，它不是一朝一夕的工作，而是需要长期的保护来促进资源、城市文明和经济的可持续发展。长期利用意味着在工业遗产开发的过程中，应防止过度开发的现象发生。水口山工业文化遗产的长期保护原则应紧密结合它在当前经济建设中的定位，即湖南省发展战略重点“一点一线”中心地带、湘南承接产业转移实验区主要承载地、省级有色金属化工产业园、国家级循环化改造示范试点园区。水口山铅锌工业正在逐渐转型，旧的工业设施逐渐被淘汰，可以考虑将矿冶遗产发展成线性旅游路线。在寻求开发带来经济效益的同时，我们也应该将游客可能带来的负面影响考虑在其中。所以，要从长远的角度出发，实现工业文化遗产的历史、文化、美学价值与经济价值相融合，使遗产更好地满足于物质需求和精神文化需要。

4. 生态原则

可持续发展包括建筑节能问题、资源可循环利用问题和环境保护问题。工业文化遗产是生态系统的一部分，在保护开发的过程中，我们应采取“生态化”的战略，维持生态平衡，不能因为眼前的利益而毁坏遗产，破坏生态环境。水口山铅锌矿在发展的过程中，向外界环境排出许多有害物质，其旧址上有许多土壤、植被遭到严重污染、破坏对，因此在改造和开发工业遗产的过程中，应以生态理念为主，考虑改善环境的问题，

[1] 参见罗哲文:《中国古代建筑》，上海古籍出版社 2002 年版，第 45-50 页。

避免由于改造施工对环境造成二次破坏。

5. 新旧共生原则

保护和利用是相辅相成的，应遵循新旧共生原则，如果改造工业文化遗产没有以保护为基础，那么其再利用就失去了意义。新旧共生原则可体现在保护改造的过程中，保护遗产结构特征和技术流程是再利用的前提。为防止工业建筑改造再利用后变得“面目全非”，应考虑新旧之间恰到好处的融合。目前，工业遗产改造再利用的方式很多，但是归根结底都是为了使工业遗产得以保留，维持原有建筑的历史价值。在改造之前，首先应考虑旧工业建筑厂房的价值，在不破坏原有工业建筑风格特征的前提下，合理地利用遗产本身的可利用元素，对工业遗产进行布局，处理好新老建筑之间的关系，进而满足新的功能要求，如建筑风格一致，使其成为一个完整的体系，再现工业遗产的价值。[1]

此外，常宁市委市政府在城市建设规划中提出了建设“水口山工业新城”的城市建设目标，让“有色产业”发展优势更优，强大常宁经济发展“引擎”。在工业文化遗产保护过程中，要将遗产开发与“水口山工业新城”建设相结合，只有这样才能促进“水口山工业新城”均衡发展，提高城市竞争力，体现城市文化魅力。

（二）保护策略

1. 整体规划

工业的核心是技术，在工业生产过程中，复杂的工艺流程形成了一个完整的生产链。每个生产环节都是不可或缺的，因此在工业遗产保护的过程中，缺少生产流程中的任何一个环节都会破坏工业技术的完整性，失去矿冶工业技术的真实性和完整性内涵与价值，导致后人无法真正了解矿冶工业技术的内涵。人们只有通过包括机器设备、厂房在内的整体生产格局来想象当时的工作场景，才能真正了解技术意义。水口山工业文化遗产技术保护要以保护水口山铅锌矿冶技术为核心，保留整个水口山铅锌矿冶技术流程，将龙王山矿石采选场、老鸦巢冶炼、水口山铅锌矿二号竖矿井及水口山第三冶炼厂等采矿、选矿、冶炼设备和冶炼技术

[1] 参见肖剑:《浅析我国工业时代建筑遗产保护与利用》,《中国科技信息》2008 年第 17 期。

作为保护对象，对其进行完整性保护。

整体定位与地方城市规划相结合。城市的发展是一个循序渐进、不断完善的过程。工业文化遗产是城市历史文脉传承的纽带，见证了城市工业化发展整个过程。[1] 树立整体性保护的理念，将工业文化遗产保护纳入城市总体规划中，是实现城市全面可持续发展的基础。只有将工业文化遗产中诸如工业厂房、工业遗址等与城市肌理相结合，形成线性的联系，才能为城市的复兴带来新的契机，才能更好地促进城市更新并加快城市发展。对水口山铅锌矿冶遗产采取整体性研究和保护，是提升水口山工业新城文化品位，传承城市文脉，改善城市环境，增强城市地域性特色的根本。水口山工业新城是以铅锌矿和金属冶炼产业为主、其他产业并存为主的现代化城镇。水口山作为省政府“一号重点工程”的五大重点区域之一，也是湖南省重要的有色冶炼、化工产业聚集区。如何将工业文化遗产与城市空间相结合，并合理地融入城市规划，使工业用地实现功能置换进而为城市注入新活力，是城市发展亟待解决的问题。

从空间布局来看，水口山工业文化遗产分布范围较广，如果仅仅对单个工业文化遗产进行保护则无法带动水口山工业新城的发展。为此，可以将遗产体系化设计，通过对水口山工业新城城市区域、边界、节点、标志物、道路的界定，将铅锌矿冶遗产全面融入工业新城建设，使之成为认知城市的标识，进而形成完整的工业文化遗产城市体系。此外，水口山铅锌矿冶遗址分布范围达 120 公顷，可以通过城市文化和自然环境的结合实现城市区域的功能空间调整，使工业文化遗产融入城市环境中。

2. 完善工业遗产保护制度，加强地方立法

其一，建立登录制度。在国际上，针对历史性工业文化遗产保护的制度分为登录制度和指定制度，指定制度指对列入法定保护的文化遗产保护制度，登录制度是文化遗产预备保护制度。[2] 国外欧美大部分国家采用登录制度和指定制度二者相互补充的保存制度，我国遗产保护则主要以指定制度为主。然而指定保护制度只是针对纳入法定保护的遗产进行保护，具有一定的局限性，伴随着城市快速发展和更新，很多工业遗产遭到严重破坏，故单一的指定保护制度无法满足当前遗产保护的要求。

[1] 参见李宗霖:《吉林省松原市工业遗产保护与再利用研究》,吉林建筑大学2015年硕士学位论文,第48页。
[2] 参见许东风:《重庆工业遗产保护利用与城市振兴》，重庆大学 2012 年博士学位论文，第 142 页。

因此，我们必须完善工业文化遗产保护制度。首先，应该建立登录制度。登录制度的认定条件比指定保护标准低很多，建立登录制度可以扩大工业遗产保护范围，将大量未指定的具有历史意义的工业遗产纳入保护范围中，达到补充指定制度的目的，让更多的遗产在进行法定保护前登录在册，做好指定保护制度的前期基础工作，为以后纳入法定保护创造条件，使工业文化遗产保护更加广泛和全面。水口山工业文化遗存丰富，有大量厂房建筑及工业设备、遗址没有纳入指定保护范围当中，很多具有遗产价值的工业建筑未得到相应的保护。因此，实施登录制度迫在眉睫，具体实施办法由地方政府相关文物部门开展，先对当地遗存进行摸家底、了解现状的普查行动。其次，对其进行价值认定。根据历史文献资料，制定调查表格下发给相关部门，通过申报材料的信息对矿冶遗产进行普查、评选登录，尽量将有关遗产都收录到保护范围之中。作为收录的工业厂房及设备，虽然不像指定工业文化遗产可以利用强制的法律去保护，但同样受到相关管理和监督保护，制定保护管理要求，不可以随意拆建破坏。

其二，强化保护法制建设，建立地方工业遗产保护法规体系。目前，我国在工业文化遗产保护领域相应的法律法规尚不完善，很多保护政策不够明确，需要进一步补充以及完善。针对水口山工业遗产的保护，相关部门仍缺乏足够的保护意识，地方政府应转变思想，确定相关职能部门的保护职责，重新认识工业遗产的价值，充分考虑矿冶工业遗产的特殊性，建立相关的专家咨询认定机构，为遗产保护提出可行性建议，参考《下塔吉尔宪章》和《无锡建议》；尽快建立系统的地方性法规体系，使得水口山工业文化遗产保护可以有法可依；明确纳入登录保护的工业遗产的保护范围，提出不同等级的遗产应采取相应的保护措施，编制不同层次工业文化遗产保护规划方法；加大对破坏工业文化遗产行为者的惩罚力度，有关部门应制定具体的标准和规范，并且落到实际行动中抢救现存的工业文化遗产，利用法律手段防止其受到威胁，尽快出台有关本市的保护具体办法或实施细则。

其三，地方政府要建立水口山遗产保护的专项资金。工业文化遗产保护是一个长期持续的过程，需要稳定的资金支撑它的稳定运行。所以，首先应将所需资金纳入政府财政预算中，保证将资金落实到保护当中。就目前而言，除了国家资金支持保护运行之外，其他的保护资金主要来

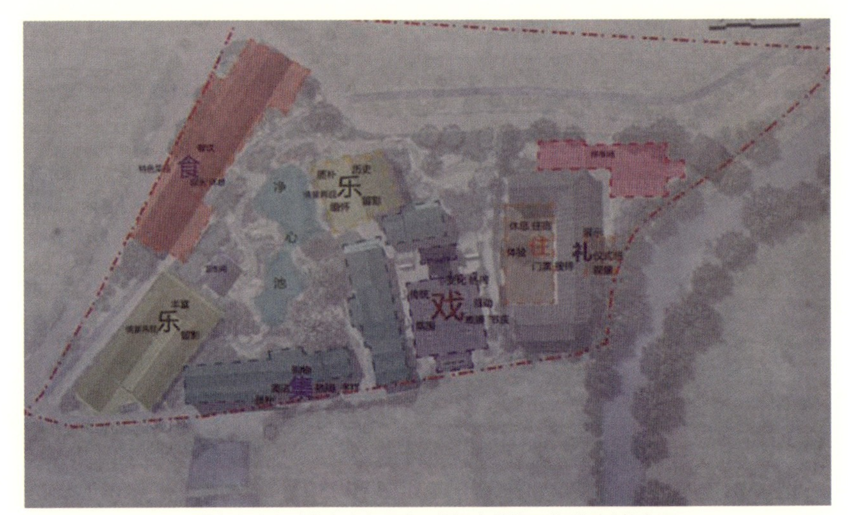

▲常宁市政府对康家戏台和康汉柳饭店整体开发利用功能布局

▲ 康家戏台周边开发商业购物区效果

▲开发后的效果图

源于地方政府、企业，其中，政府又是最关键的角色。所以，政府应制定相关政策和奖励制度等方法对保护行动予以鼓励，同时采取有利于社会捐赠和资助的政策措施，通过多种渠道筹集资金，推动工业文化遗产保护行动的顺利进行，形成以政府为向导、企业开发、市民参与的持续性发展的局面。[1] 此外，要长远地发展水口山工业文化遗产保护项目，需设立相关的专项机构实行监督管理，专项机构负责监管保护。目前而言，工业旅游模式适合水口山工业文化遗产保护。水口山铅锌矿冶遗址区位分布广而分散，工业遗址与城市融合在一起，散点式分布在城市之中，在策划工业旅游线路方案的过程中应将这种分布状态考虑其中，可以考虑将工业遗产旅游与城市形成复合型旅游模式。未来，常宁市如果将工业旅游开发成功，不仅可以改善城市形象，同时可能带来较大的社会效益，有利于引进外来投资，改变产业结构，提高居民就业机会，增强市民归属感。

[1] 单霁翔:《关注新型文化遗产：工业遗产的保护》,《北京规划建设》2007 年第 2 期。

参考文献

◆专著类

[1]《水口山工人革命斗争故事》编写小组编:《唤起工农千百万:水口山工人革命斗争故事》,湖南人民出版社1978年版。

[2] 耿飚:《耿飚回忆录》,解放军出版社1991年版。

[3] 国家文物局:《国际文化遗产保护文件选编》,文物出版社2007年版。

[4] 哈静、徐浩铭:《鞍山工业遗产保护与再利用》,华南理工大学出版社2017年版。

[5] 蒋开喜主编:《有色金属进展——重有色金属(1996—2005)》(第四卷),中南大学出版社2007年版。

[6] 郦道元:《水经注》(上),华夏出版社 2006年版。

[7] 罗哲文:《中国古代建筑》,上海古籍出版社2002年版。

[8] 韦庆远、鲁素等编:《清代的矿业》,中华书局1983年版。

[9] 习近平:《干在实处 走在前列:推进浙江新发展的思考与实践》,中共中央党校出版社2006年版。

[10] 萧克:《萧克回忆录》,解放军出版社1997年版。

[11] 徐旭阳、陶吉友等编:《水口山科学技术志》,中南工业大学出版社1992年版。

[12] 张雨才:《中国铁道建设史略(1876—1949)》,中国铁道出版社1997年版。

[13] 中共水口山矿务局委员会宣传部编:《水口山矿工人运动资料》,湖南人民出版社1979年版。

[14] 中共中央党史和文献研究院编:《十八大以来重要文献选编(下)》,中央文献出版社2018年版。

[15] 中共中央文献研究室编:《习近平关于社会主义文化建设论述摘编》,中央文献出版社2017年版。

[16] 朱文一、刘伯英:《中国工业建筑遗产调查、研究与保护》(四),清华大学出版社2014年版。

◆期刊类

[1]《湖南水口山矿务局第四厂 创全国横罐炼锌新纪录》,《人民日报》1953年9月16日,第2版。

[2]《记录中国工业文明的遗址逐渐消失,专家呼吁—— 留住工业遗产的足迹》,《人民日报》2006年7月12日,第6版。

[3]《金铜铸精品 有色谱新篇》,《湖南日报》2016年5月28日,第06版。

[4]《凌宵一士随笔:廖树蘅办水口山矿》,《国闻周报》1937年第14卷第27期。

[5]《水口山:沧桑砺洗铸基业 励精图治开新篇》,《湖南日报》2016年12月26日,第10版

[6]《水口山矿务局冶炼厂职工 创造火力炼锌质量的世界新纪录》,《人民日报》1954年11月14日,第1版。

[7] 单霁翔:《关注新型文化遗产:工业遗产的保护》,《北京规划建设》2007年第2期。

[8] 韩强:《基于概念解析的我国工业遗产价值分析》,《产业与科技论坛》2015 年第 18 期。
[9] 寇怀云、章思初:《工业遗产的核心价值及其保护思路研究》,《东南文化》2010 年第 5 期。
[10] 刘伯英、李匡:《北京工业遗产评价办法初探》,《建筑学报》2008 年第 12 期。
[11] 吕雪萱:《饶湜——中国炼锌工业的开拓者》,《产权导刊》2019 年第 2 期。
[12] 宋鑫、崔卫华:《辽宁工业遗产价值解析及其原真性保护研究》,《城市》2016 年第 9 期。
[13] 唐兵:《最近水口山铅锌矿之概况》,《民鸣》1935 年第 2 卷第 25 期。
[14] 习近平:《决胜全面建成小康社会,夺取新时代中国特色社会主义伟大胜利——在中国共产党第十九次全国代表大会上的报告》,《人民日报》2017 年 10 月 19 日,第 1 版。
[15] 夏远生:《传奇耿飚》,《新湘评论》2019 年第 16 期。
[16] 肖芳玉:《水口山矿务局建矿一百周年回眸》,《有色金属》1996 年第 12 期。
[17] 肖剑:《浅析我国工业时代建筑遗产保护与利用》,《中国科技信息》2008 年第 17 期。
[18] 于淼、王浩:《工业遗产的加州构成研究》,《财经问题研究》2016 年第 11 期。
[19] 周春生、曹晓扬、潘斌:《穿越三个世纪 见证铅锌文明——湖南水口山有色金属集团有限公司 110 年发展纪实》,《中国有色金属》2006 年第 12 期。
[20] 周敬元、游力挥:《国内外铅冶炼技术进展及发展动向》,《世界有色金属》1996 年第 6 期。

◆学位论文类

[1] 何岩:《吉林省辽源市工业遗产保护与利用研究》,吉林建筑大学硕士学位论文。
[2] 李宗霖:《吉林省松原市工业遗产保护与再利用研究》,吉林建筑大学硕士学位论文。
[3] 许东风:《重庆工业遗产保护利用与城市振兴》,重庆大学博士学位论文。

◆内部资料类

[1]《水口山矿务局志》编纂委员会编:《水口山矿务局志》(水口山铅锌志续卷 1981—1995)(上册),水口山矿务局印刷厂 1996 年印。
[2]《水口山铅锌志》编撰委员会:《水口山铅锌志》(内部资料),水口山矿务局二印刷厂,1986 年印。
[3]《水口山之星——水口山英模人物录》(水口山有色金属集团有限公司内部资料),2008 年印。
[4] 湖南省档案馆藏:《湖南水口山铅锌矿专刊》,全宗号 106,目录号 1,卷号 50。
[5] 欧阳超远、刘季辰、田奇镌:《湖南水口山铅锌矿报告》,湖南地质调查所印,1927 年。

附　录

附录 1:《关于工业遗产的下塔吉尔宪章》

国际工业遗产保护联合会（TICCIH）是保护工业遗产的世界组织，也是国际古迹遗址理事会（ICOMOS）在工业遗产保护方面的专门顾问机构。该宪章由 TICCIH 起草，将提交 ICOMOS 认可，并由联合国教科文组织（UNESCO）最终批准。

导言

人类的早期历史是依据生产方式根本变革方面的考古学证据来界定的，保护和研究这些变革证据的重要性已得到普遍认同。

从中世纪到 18 世纪末，欧洲的能源利用和商业贸易的革新，带来了具有与新石器时代向青铜时代历史转变同样深远意义的变化，制造业的社会、技术、经济环境都得到了非常迅速而深刻的发展，足以称为一次革命。这次工业革命是一个历史现象的开端，它影响了有史以来最广泛的人口，以及地球上所有其他的生命形式，并一直延续至今。

这些具有深远意义的变革的物质见证，是全人类的财富，研究和保护它们的重要性必须得到认识。

因而，2003 年聚集在俄罗斯召开的 TICCIH 大会上的代表们宣告：那些为工业活动而建造的建筑物和构筑物、其生产的过程与使用的生产工具，以及所在的城镇和景观，连同其他的有形的或无形的表现，都具有基本的重大价值。我们必须研究它们，让它们的历史为人所知，它们的内涵和重要性为众人知晓，为现在和未来的利用和利益，那些最为重要和最典型的实例应当依照《威尼斯宪章》的精神，进行鉴定、得以保护和修缮。

1. 工业遗产的定义

工业遗产是指工业文明的遗存，它们具有历史的、科技的、社会的、建筑的或科学的价值。这些遗存包括建筑、机械、车间、工厂、选矿和冶炼的矿场和矿区、货栈仓库，能源生产、输送和利用的场所，运输及基础设施，以及与工业相关的社会活动场所，如住宅、宗教和教育设施等。

工业考古学是对所有工业遗存证据进行多学科研究的方法，这些遗存证据包括物质的和非物质的，如为工业生产服务的或由工业生产创造的文件档案、人工制品、地层和工程结构、人居环境以及自然景观和城镇景观等。工业考古学采用了最适当的调查研究方法以增进对工业历史和现实的认识。

具有重要影响的历史时期始于 18 世纪下半叶的工业革命，直到当代，当然也要研究更早的前工业和原始工业起源。此外，也要注重对归属于科技史的产品和生产技术研究。

2. 工业遗产的价值

（1）工业遗产是工业活动的见证，这些活动一直对后世产生着深远的影响。保护工业遗产的动机在于这些历史证据的普遍价值，而不仅仅是那些独特遗址的唯一性。

（2）工业遗产作为普通人们生活记录的一部分，并提供了重要的可识别性感受，因而具有社会价值。工业遗产在生产、工程、建筑方面具有技术和科学的价值，也可能因其建筑设计和规划方面的品质而具有重要的美学价值。

（3）这些价值是工业遗址本身、建筑物、构件、机器和装置所固有的，它存在于工业景观中，存在于成文档案中，也存在于一些无形记录，如人的记忆与习俗中。

（4）特殊生产过程的残存、遗址的类型或景观，由此产生的稀缺性增加了其特别的价值，应当被慎重地评价。早期和最先出现的例子更具有特殊的价值。

3. 鉴定、记录和研究的重要性

（1）每一国家或地区都需要鉴定、记录并保护那些需要为后代保存的工业遗存。

（2）对工业地区和工业类型进行调查研究以确定工业遗产的范围。利用这些信息，对所有已鉴定的遗址进行登记造册，其分类应易于查询，公众也能够免费获取这些信息。而利用计算机和因特网是一个颇有价值的方向性目标。

（3）记录是研究工业遗产的基础工作，在任何变动实施之前都应当对工业遗址的实体形态和场址条件做完整的记录，并存入公共档案。在一条生产线或一座工厂停止运转前，可以对很多信息进行记录。记录的内容包括文字描述、图纸、照片以及录像，以及相关的文献资料等。人们的记忆是独特的、不可替代的资源，也应当尽可能地记录下来。

（4）考古学方法是进行历史性工业遗址调查、研究的基本技术手段，并将达到与其他历史和文化时期研究相同的高水准。

（5）为了制定保护工业遗产的政策，需要相关的历史研究计划。由于许多工业活动具有关联性，国际合作研究有助于鉴定具有世界意义的工业遗址及其类型。

（6）对工业建筑的评估标准应当被详细说明并予以公布，采用为广大公众所接受的、统一的标准。在适当研究的基础上，这些标准将用于鉴定那些最重要的遗存下来的景观、聚落、场址、原型、建筑、结构、机器和工艺过程。

（7）已认定的重要遗址和结构应当用强有力的法律手段保护起来，以确保其重要意义得到保护。联合国教科文组织的《世界遗产名录》，应给予对人类文化带来重大影响的工业文明以应有的重视。

（8）应明确界定重要工业遗址的价值，对将来的维修改造应制定导则。任何对保护其价值所必要的法律的、行政的和财政的手段应得以施行。

（9）应确定濒危的工业遗址，这样就可以通过适当的手段减少危险，并推动合适的维修和再利用计划。

（10）从协调行动和资源共享方面考虑，国际合作是保护工业遗产特别合适的途径。在建立国际名录和数据库时需要制定适当的标准。

4. 法定保护

（1）工业遗产应当被视作普遍意义上文化遗产的整体组成部分。然而，对工业遗产的法定保护应当考虑其特殊性，要能够保护好机器设备、地下基础、固定构筑物、建筑综合体和复合体以及工业景观。对废弃的工业区，在考虑其生态价值的同时也要重视其潜在的历史研究价值。

（2）工业遗产保护计划应同经济发展政策以及地区和国土规划整合起来。

（3）那些最重要的遗址应当被充分地保存，并且不允许有任何干涉危及建筑等实物的历史完整性和真实性。对于保存工业建筑而言，适当改造和再利用也许是一种合适且有效的方式，应当通过适当的法规控制、技术建议、税收激励和转让来鼓励。

（4）因迅速的结构转型而面临威胁的工业社区应当得到中央和地方政府的支持。因这一变化而使工业遗产面临潜在威胁，应能预知并通过事先的规划避免采取紧急行动。

（5）为防止重要工业遗址因关闭而导致其重要构件的移动和破坏，应当建立快速反应的机制。有相应能力的专业权威人士应当被赋予法定的权利，必要时应介入受到威胁的工业遗址保护工作中。

（6）政府应当有专家咨询团体，他们对工业遗产保存与保护的相关问题能提供独立的建议，所有重要的案例都必须征询他们的意见。

（7）在保存和保护地区的工业遗产方面，应尽可能地保证来自当地社区的参与和磋商。

（8）由志愿者组成的协会和社团，在遗址鉴定、促进公众参与、传播信息和研究等方面对工业遗产保护具有重要作用，如同剧场不能缺少演员一样。

5. 维护和保护

（1）工业遗产保护有赖于对功能完整性的保存，因此对一个工业遗址的改动应尽可能地着眼于维护。如果机器或构件被移走，或者组成遗址整体的辅助构件遭到破坏，那么工业遗产的价值和真实性会被严重削弱。

（2）工业遗址的保护需要全面的知识，包括当时的建造目的和效用，各种曾有的生产工序等。随着时间的变化可能都已改变，但所有过去的使用情况都应被检测和评估。

（3）原址保护应当始终是优先考虑的方式。只有当经济和社会有迫切需要时，才考虑拆除或者搬迁工业遗址。

（4）为了实现对工业遗址的保护，赋予其新的使用功能通常是可以接受的，除非这一遗址具有特殊重要的历史意义。新的功能应当尊重原先的材料和保持生产流程和生产活动的原有形式，并且尽可能地同原先主要的使用功能保持协调。建议保留部分能够表明原有功能的地方。

（5）继续改造再利用工业建筑可以避免能源浪费并有助于可持续发展。工业遗产对于衰败地区的经济复兴具有重要作用，在长期稳定的就业岗位面临急剧减少的情况时，继续再利用能够维持社区居民心理上的稳定性。

（6）改造应具有可逆性，并且其影响应保持在最小限度内。任何不可避免的改动应当存档，被移走的重要元件应当被记录在案并完好保存。许多生产工艺保持着古老的特色，这是遗址完整性和重要性的重要组成内容。

（7）重建或者修复到先前的状态是一种特殊的改变。只有有助于保持遗址的整体性或者能够防止对遗址主体的破坏，这种改变才是适当的。

（8）许多陈旧或废弃的生产线里体现着人类的技能，这些技能是极为重要的资源，且不可再生，无可替代。它们应当被谨慎地记录下来并传给年青一代。

（9）提倡对文献记录、公司档案、建筑设计资料以及生产样品的保护。

6. 教育与培训

（1）应从方法、理论和历史等方面对工业遗产保护开展专业培训，这类课程应在专科院校和综合性大学设置。

（2）工业历史及其遗产专门的教育素材，应由中小学生们去搜集，并成为他们的教学内容之一。

7. 陈述与解释

（1）公众对工业遗产的兴趣与热情以及对其价值的鉴赏水平，是实施保护的有力保障。政府当局应积极通过出版、展览、广播电视、国际互联网及其他媒体向公众解释工业遗产的意义和价值，提供工业遗址持续的可达性，促进工业遗址地区的旅游发展。

（2）建立专门的工业和技术博物馆和保护工业遗址，都是保护和阐释工业遗产的重要途径。

（3）地区和国际的工业遗产保护途径，能够突显工业技术转型的持续性和引发大规模的保护运动。

附录 2 :《无锡建议》

人类社会步入新的千年，20 世纪遗产保护日渐提到重要议程。20 世纪遗产是文化遗产的重要组成部分，反映了百年变迁和多元文化，具有丰富的内涵和强烈的感召力。在我国，20 世纪遗产保护已逐渐进入工作视野，但仍未得到充分重视。认定标准的局限，法律保障的缺失，保护经验的匮乏，以及一些不合理的利用方式，导致大量具有重要价值的 20 世纪遗产正在加速消亡，抢救保护工作日趋紧迫。为此，我们来自全国文化遗产保护领域和相关专业的全体会议代表，提出以下建议：

1. 提高 20 世纪遗产的保护意识。保护 20 世纪遗产，将使人类发展记录更加完整，使文化遗产社会教育功能更加完善，使城市文化特色更加鲜明，各级政府和全社会应当给予充分重视，加以保护。

2. 开展 20 世纪遗产的科学评估。20 世纪人类的创造数量庞大，应组织开展科学评估，进行价值判别，确定保护对象，将 20 世纪遗产纳入保护体系。第三次全国文物普查应将 20 世纪遗产作为重点内容，通过普查准确掌握资源分布和保护现状，并予以登记认定，公布为不可移动文物，其中具有重要价值的公布为各级文物保护单位。

3. 探索 20 世纪遗产的保护方法。针对 20 世纪遗产中广泛运用的新结构、新材料、新技术，借鉴国内外保护经验与技术方法，从研究、价值认定和保护等层面积极开展多学科合作，逐步建立 20 世纪遗产保护的理论与技术体系，实现 20 世纪遗产的有效保护。

4. 实施 20 世纪遗产的合理利用。应制定 20 世纪遗产保护与合理利用的标准和管理办法，规范保护手段和程序，对保护和利用途径做出明确规定。应结合城市文化建设，优化历史街区的功能调整。应依托 20 世纪遗产大力推进 20 世纪历史题材博物馆的建设，并列为爱国主义教育基地或学生素质教育基地。应在不破坏文化遗产价值的前提下，采取“再利用”的保护方式，确保 20 世纪遗产的延续性。

“今天的杰作，就是明天的遗产，而保护工作应从其落成之日就要开始。”20 世纪虽然刚刚过去，但 20 世纪遗产同样是人类社会的财富、文化记忆的摇篮。我们呼吁，各级政府积极行动起来，动员并依靠全社会的力量，加强 20 世纪遗产的保护，尊重历史，传承文明，并赋予它们新的使命！

附录 3：中国工业遗产保护名录（第一批）

中国科协创新战略研究院和中国城市学会联合发布（2018）

序号	名称
1	柯拜船坞
2	江南机器制造总局
3	福州船政
4	大沽船坞
5	旅顺船坞
6	金陵机器制造局
7	东三省兵工厂
8	重庆抗战兵器工业遗址
9	黄崖洞兵工厂
10	开滦煤矿
11	中兴煤矿
12	大冶铁矿
13	水口山铅锌矿
14	萍乡煤矿
15	坊子炭矿
16	抚顺煤矿
17	中福煤矿
18	本溪湖煤铁公司
19	大同煤矿
20	阜新煤矿
21	汉阳铁厂
22	大冶铁厂
23	鞍山钢铁公司
24	首都钢铁公司
25	长沙锌厂
26	重庆钢厂
27	唐山铁路遗址
28	中东铁路
29	胶济铁路
30	滇越铁路
31	京张铁路
32	南京下关火车渡口
33	宝成铁路
34	芭石铁路（嘉阳小火车）
35	滦河铁桥
36	郑州黄河铁路桥
37	天津金汤桥
38	上海外白渡桥
39	济南泺口黄河铁路大桥
40	钱塘江大桥
41	武汉长江大桥
42	南京长江大桥
43	启新水泥公司
44	华新水泥公司
45	中国水泥厂
46	耀华玻璃厂
47	江南水泥厂
48	苗栗油矿
49	延长油矿
50	独山子油矿、克拉玛依油田
51	玉门油矿
52	大庆油田
53	唐胥铁路修理厂
54	东清铁路机车制造所（大连机车厂）
55	二七机车厂
56	浦镇机厂
57	津浦铁路局济南机器厂
58	协同和机器厂
59	株洲总机厂
60	中国第一航空发动机厂
61	第一汽车制造厂
62	第一拖拉机制造厂
63	天津碱厂
64	永利铔厂
65	北京焦化厂
66	华丰造纸厂
67	大生纱厂
68	永泰缫丝厂
69	裕湘纱厂
70	大华纱厂
71	杭州丝绸印染联合厂
72	唐山磁厂
73	宇宙瓷厂
74	阜丰面粉厂
75	福新第三面粉厂
76	茂新面粉厂
77	张裕酿酒公司
78	青岛啤酒厂
79	通化葡萄酒厂
80	和记洋行
81	顺德糖厂
82	上海杨树浦水厂
83	汉口既济水电公司宗关水厂
84	京师自来水公司东直门水厂
85	上海东区污水处理厂
86	民国首都水厂
87	石龙坝水电站
88	民国首都电厂
89	丰满电站
90	水丰电站
91	佛子岭水库大坝
92	三门峡水利枢纽
93	中国海军中央无线电台（491 电台）
94	国民政府中央广播电台
95	北京印钞厂（541 厂）
96	718 联合厂（华北无线电联合器材厂）
97	404 厂（甘肃矿区）
98	221 厂（青海矿区）
99	816 工程
100	酒泉卫星发射中心

水口山铅锌矿

所 在 地：湖南省常宁市

始建年代：1896

主要遗存：龙王山矿石采选场遗址、水口山第三冶炼厂早期建筑群等；铅锌矿影剧院、水口山第三冶炼厂烧结车间和烟化车间、康家戏台、康汉柳饭店、忆苦窿、老鸦巢遗址、原水口山铅锌矿办事公署和龙王山露天采矿场，水口山铅锌矿2号矿井、5号矿井、斜坡式矿井等；水口山工人俱乐部旧址

入选理由：中国有色金属矿冶的先驱，首开全国西法采矿、选矿、冶炼之先河，为旧中国第一个自行设计建设的机械化有色金属矿井，为第一个新式选矿厂、中国第一家炼铅厂、中国第一家炼锌厂、中国第一家氧化锌厂、中国第一家铍冶炼厂，被誉为“世界铅都”“中国铅锌工业的摇篮”；自主研发“水口山氧气底吹熔炼法”，引领中国铅铜冶炼新时代；工人运动的重要发祥地，水口山矿工是井冈山革命根据地红军的中坚力量

后 记

历经一年的辛勤耕耘，湖南工学院工业文化遗产保护、开发与利用“双一流”科技创新团队全体编写人员克服了撰写时间短、资料挖掘难度大、遗产涉及范围广等重重困难，多次前往水口山进行细致的调研和普查，足迹遍布矿区的每一处遗址遗迹。如今，《寻访水口山工业文化遗产》（湖南工学院“工业遗产文化丛书”第一辑）终于在大家的共同努力下付梓。

全书分为历史回顾篇、遗址遗存篇、技术工艺篇、革命足迹篇、水口山工匠篇、工业文化遗产的保护和利用篇等部分，展示了百余幅图片，包括水口山现存的绝大多数工业文化遗产，充分反映出水口山工业历史进程中主要的人、制、物、事，充分体现出湖工人用实际行动传承、保护地方工业历史文脉和工业文化遗产。

本书是由湖南工学院副校长胡穗教授负责选题、策划并领导编写的。本书由多位作者参与撰写，其中，序言由胡穗撰写，导言由陈冬冬撰写，第一、三章由段锐撰写，第二章由庞朝晖、尹影、段锐、柏华撰写，第四章由张冬毛撰写，第五章由伍小乐撰写，第六章由肖中云撰写。全书由胡穗、邹召松、张长明统合协调。大家工作认真严谨，参考了大量前人的研究成果，也尽可能注明资料来源，但难免有遗漏之处，敬请原作者予以谅解。由于水平有限，不确之处，恳请广大读者批评指正。

本书在编纂过程中，除得到湖南工学院领导的关心支持和相关部门的积极协助以外，还得到工业和信息化部工业文化发展中心、湖南省文化和旅游厅、衡阳市人大常委会、衡阳市社科联、衡阳市工业博物馆、水口山有色金属集团有限公司、常宁市文物局、水口山工人运动陈列馆等有关单位和领导的关心指导，特别是衡阳市社科联和衡阳市人大常委会对书的出版给予了专项基金资助，在此，一并表示衷心的感谢！

本书亦是湖南工学院工业文化遗产研究的阶段性成果。工业文化遗产保护、开发与利用“双一流”科技创新团队的研究工作还在继续，期盼寻访到更多的工业文化遗产，呈现更好的工业文化研究成果。

湖南工学院“工业遗产文化丛书”编委会

2020 年 5 月